KB125019

챗GPT
세상을 만드는
기본 수학 공식
100

챗GPT
세상을 만드는
기본 수학 공식
100

ⓒ 박구연, 2023

초판 1쇄 인쇄일 2023년 3월 22일
초판 1쇄 발행일 2023년 3월 30일

지은이 박구연
펴낸이 김지영   펴낸곳 지브레인^{Gbrain}
편 집 김현주
마케팅 조명구   제작·관리 김동영

출판등록 2001년 7월 3일 제2005-000022호
주소 04021 서울시 마포구 월드컵로7길 88 2층
전화 (02)2648-7224   팩스 (02)2654-7696

ISBN 978-89-5979-775-2(04410)

챗GPT
세상을 만드는
기본 수학 공식
100

박구연 지음

지브레인

머리말

여러분이 하루도 빼놓지 않고 이용하는 인터넷은 월드와이드웹(www) 주소로 접속하게 되는데, 월드와이드웹은 하이퍼텍스트로 초연결된 언어이다. 하이퍼텍스트의 역할은 여러 문서를 한 곳에서 링크로 연결하여 인터넷의 검색을 활성화하는 것이다.

수학에 사용하는 수학 공식도 마찬가지다. 여러 수학자가 고대부터 현대까지 만들어진 공식이 실생활에 직접 기여하는 것도 있고, 미래사회로의 발전에 기본 역할을 하는 것도 있다. 또한 이 공식들은 수학 문제를 푸는 열쇠가 되므로 다양하게 연결된 하이퍼텍스트로도 볼 수 있다.

《챗GPT 세상을 만드는 기본 수학 공식 100》은 초·중·고 수학책에 나오는 공식들을 중심으로 소개하고 있다. 우리가 학교 수업을 통해 배우는 수학 공식들이 현대 사회와 미래 사회를 만들고 바꾸는 가장 기본 바탕이 되는 공식들이기 때문이다. 그중에는 수학이라는 생각 없이 우리가 일상생활에 당연하게 받아들이는 십진법과 육십진법부터 날씨 예측에 매우 중요한, 하지만 우리는 제대로 이해하지 못한 채 영화로 알게 된 나비에-스토크스 방정식 등 다양한 수학 공식이 있다. 되도록 이 공식들을 발견하거나 최고의 업적을 자랑하는 수학자들도 함께 소개하고 있지만 60진법처럼 민족 단위로 쓰던 공식들도 그 중요성에 따라 소개하고 있다.

수학 공식은 영어만큼이나 필요한 분야이며 자연을 읽을 수 있는 자연어이자 전 세계가 함께 쓰고 있는 세계 공통어이기도 하다. 나라마다 다른 언어를 사용하더라도 수학 공식은 그 공식만으로도 수학자들이 나타내는 메시지가 전달될 수 있기 때문이다.

이 책에 나오는 공식의 발견자와 증명은 여러분이 알고 있는 사실과 차이점이 있을 수도 있다. 조금 더 쉬운 증명 방법으로 설명하려는 목적에 충실했기 때문이다.

수학 공식이라면 먼저 고개부터 흔들 수도 있지만 이 책에 소개된 공식들은 교과서 속 수학 공식을 중심으로 영화와 다양한 곳에서 언급되었거나 되고 있으며 앞으로의 세상을 만드는 기본 공식들인 만큼 가벼운 마음으로 공식과 그 설명을 즐겼으면 하는 바람이다. 또한 수학 공식의 합리적인 성질과 아름다움을 확인하며 수학적 지식을 쌓을 수 있기를 바란다. 어쩌면 여러분은 《챗GPT 세상을 만드는 기본 수학 공식 100》으로 수학적 지식을 얕지만 넓게 가지게 될 수도 있고 누군가와 이야기할 포인트 수학 잡학지식을 쌓을 수도 있을 것이다.

학교에서 배운 수학 공식을 중심으로 기본 내용을 간단하게 소개했지만 우리 사회를 변화시키고 있는 AI의 세상에서 꼭 필요한 공식들인 만큼 재미있게 즐기기를 바란다.

박구연

CONTENTS

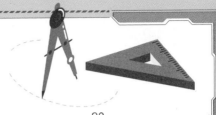

1

우리의 시간은 고대 바빌로니아에서 시작되었다

바빌로니아인의 60진법

자릿수가 하나씩 증가하면 60배씩 커지는 기수법.

플림턴 322

바빌로니아인
기원전 1894~539

메소포타미아 문명을 이룩한 민족으로 기수법은 12진법과 60진법을 사용했다. 기원전 1800년경에 쐐기문자로 제작된 점토판인 '플림턴 322'에는 현대의 수학에 사용하는 공식도 기록되어 있다. 당시 고대문명인 바빌로니아는 산술과 기하학이 발달했으며 이집트와 그리스 수학에 큰 영향을 주었다. 주판도 바빌로니아인이 처음 고안했다.

"왜 1시간은 100분이 아니고 60분일까? 그리고 육십갑자를 이용하여 환갑을 나타낼 때 왜 60년을 주기로 할까?"

여러분은 이와 같은 것이 궁금해진 적이 있을 것이다. 이유는 바빌로니아인이 만든 60진법을 지금도 사용하고 있기 때문이다.

10개 천간	甲	乙	丙	丁	戊	己	庚	辛	壬	癸
	갑	을	병	정	무	기	경	신	임	계

12개 지지	子	丑	寅	卯	辰	巳	吾	未	申	酉	戌	亥
	자	축	인	묘	진	사	오	미	신	유	술	해

60은 자연수 1에서 100까지 숫자 중에서 약수의 개수가 가장 많은 수이다. 약수의 개수가 많다는 것은 나눌 수 있는 몫이 많다는 의미이다.

60의 약수는 12개이다. 1, 2, 3, 4, 5, 6, 10, 12, 15, 20, 30, 60에서 1을 제외하면 60진법은 2등분부터 60등분까지 나눌 수 있는 경우의 수가 많아 실용적이다. 60장의 카드를 여러 사람에게 나누어 줄 때 약수에 해당하는 수만큼 나누어 주면 편리하게 분배할 수 있다.

바빌로니아인은 태양을 관측해 1년이 360일을 주기로 반복된다는 것을 발견했다. 그래서 60진법을 기준으로 360일을 60일이 6번 되는 것으로 나타냈다. 다만 1년은 평년 기준으로 365일이므로 바빌로니아 인의 360일과는 5일 정도의 오차가 있다. 또 그들은 원의 둘레의 전체각도가 360°인 것도 60진법으로 알아냈다.

위도와 경도에도 각을 나타낼 때 1°는 60′(분)으로, 1′(분)은 60″(초)로 나타내는 등 지금도 우리는 생활 속에서 60진법을 여전히 사용하고 있다.

2

이집트인의 천재성이 빛나는 분수

이집트 분수

분수를 단위분수의 합으로 나타내는 방법.

린드 파피루스

아흐메스

Ahmes, 기원전 1680~1620

린드 파피루스의 수학 기록을 필경했으며, 최초로 수학에서 분수를 사용한 수학자로 알려져 있다.

정수 a를 0이 아닌 정수 b로, 몫을 $\frac{a}{b}$로 나타낸 것을 분수라 한다.

분수는 구문으로는 $\frac{부분}{전체}$으로 나타내며 약분과 통분을 하여 계산할 수 있다.

분모가 분자보다 크면 진분수, 분모와 분자가 같거나 분자가 분모보다 크면 가분수이다.

이집트인은 무려 2000년 동안 분수를 단위분수의 합으로 나타냈다. 단위분수는 $\frac{1}{2}$, $\frac{1}{3}$, $\frac{1}{4}$, … 이다.

흥미로운 점은 분수 $\frac{5}{6}$를 단위분수 $\frac{1}{2}+\frac{1}{3}$로 나타낼 수 있다는 것이다. $\frac{119}{220}$는 $\frac{1}{4}+\frac{1}{5}+\frac{1}{11}$ 이라는 단위분수 3개의 합으로도 나타낼 수 있다.

이집트인이 분수를 단위분수의 합으로 나타냈음을 알게 된 사료는 기원전 1650년경에 작성한 것으로 추측하는 린드 파피루스이다.

린드 파피루스에는 이밖에도 이집트인이 대수학과 기하학에 높은 수학 지식과 개념을 갖추었음을 보여주는 수학 공식들이 적혀 있다. 그들은 도형의 넓이와 부피에 관해서도 계산할 수 있었던 것이다. 또한 수열과 대수학도 포함되어 있어서 건축과 회계학, 통계학에도 적용할 수 있었다.

이처럼 다양한 수학 분야가 고대부터 발전할 수 있었던 것은 이집트의 자연환경으로 인한 이집트인의 실용주의와 관계가 깊다.

이집트 분수는 조합론과 정수론에 많은 영향을 주었다.

3

논리적 추론의 시작

탈레스의 정리

1 평행한 두 직선에 하나의 직선이 지나서 생기는 두 엇각은 서로 같다.

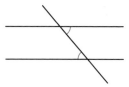

2 서로 다른 두 직선이 만난 맞꼭지각은 서로 같다.

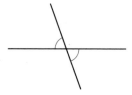

3 삼각형의 합동 조건은 세 가지가 있다. S를 선분, A를 각도로 할 때, SAS 합동, ASA 합동, SSS 합동 이다.

4 반원 안에 그려지는 삼각 형은 직각삼각형이다.

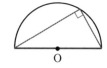

5 지름은 원을 이등분하며 이때 나뉘는 두 개의 반원 은 넓이가 같다.

6 이등변삼각형의 양 끝각은 서로 같다.

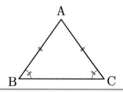

탈레스
Thales, 기원전 624~546

고대 그리스의 식민지 중 하나였던 밀레투스에서 태어났다. 철학자, 수학자. 정치가, 천문학자로 밀레투스에 이오니아 학교를 설립했다. 물질의 근원은 물이라고 주장했으며 비례식을 이용해 피라미드의 높이를 잰것으로 유명하다. 고대 기하학을 정리해 초등기하학의 발판을 쌓았다.

───────────◇───────────

탈레스의 정리는 6가지가 있다.

1번과 2번은 엇각과 맞꼭지각에 대한 설명이다.

3은 삼각형의 합동조건에 관한 3가지 정리이다. 세 변의 길이가 같은 SSS 합동, 두 변과 끼인각이 같은 SAS 합동, 한 변과 양 변이 같은 ASA 합동조건은 삼각형에 대한 정리이다.

4번은 반원 안에 그려지는 삼각형은 직각삼각형인 것에 대한 것이다. 이에 대한 수학적 증명으로 내대각의 정리 등도 생겨났다. 그리고 바빌로니아인은 무려 1400년 전에 이것을 알고 있었다.

5와 **6**은 당연한 공리였지만 많은 수학자들이 증명과정을 연구하면서 논증적 방법의 성장에 크게 기여했다.

탈레스의 정리는 직관으로만 수학에 접근하던 방식에서 논리적 추론을 통한 증명 과정으로 고대 수학을 진일보시켰다는 평가를 받고 있다.

4

행성까지의 거리를 측정해드립니다

비례식

$a : b$와 $c : d$가 비의 값이 같음을 비례식으로 나타내면
$a : b = c : d$가 성립한다.

탈레스   Thales, 기원전 624~546(17쪽 참조)

비례식은 고대 그리스에서 오랫동안 연구한 수학 분야이다. 그래서 고대 그리스의 수학자들이 비례식을 기하학과 정수론에 적용하여 증명한 사례가 많다. 고대 그리스의 비례식은 탈레스가 그리스 수학자 중에서 최초로 비례식을 세운 것으로 기록된다. 탈레스는 바빌로니아와 이집트에서 배운 기하학을 그리스에 도입하여 닮음비를 이용해 비례식을 설정하고 다방면으로 실용화하면서 그리스 수학 발전에 크게 기여했다. 비

례식을 체계적으로 정리한 수학자는 유클리드이다.

유클리드의 《원론》 5, 6권은 비례식의 성질과 법칙을 자세하게 서술했다.

비례식은 $a:b$와 $c:d$가 비의 값이 같음을 나타내는 등식으로 $a:b=c:d$로 나타낸다. a와 c는 전항, b와 d는 후항이다. b와 c는 내항, a와 d는 외항이다.

비례식에 많이 쓰이는 성질은 외항끼리의 곱과 내항끼리의 곱이 같은 $ad=bc$이다.

비례식은 방정식 이전에 나타난 수학의 해를 찾기 위한 하나의 방법이자 공식이며 방정식의 발전에 커다란 영향을 주었다.

$a:b=c:d$는 $\frac{a}{b}=\frac{c}{d}$로 나타내기도 하는데 이것도 비례식의 수학적 표현이다.

비례식은 도형의 닮음으로 길이나 넓이를 구할 때 용이하며, 황금률의 공식 유도, 실제 측정하기 어려운 큰 건물이나 공간의 넓이나 길이를 구할 때는 폭넓게 사용한다.

탈레스가 낮에 해가 비쳤을 때 막대기와 그림자의 길이, 피라미드와의 거리로 피라미드의 높이를 잴 수 있었던 것도 비례식이 얼마나 실용적인 것인지를 보여주는 좋은 예이다.

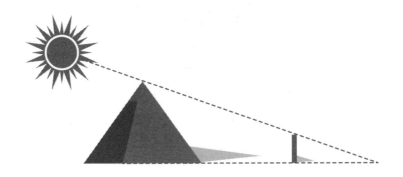

　축소와 확대를 많이 사용하는 지도의 제작이나 렌즈의 구
경, 천문학의 행성까지의 거리 측정 등 무수히 많은 부분에서
비례식을 이용하고 있다.

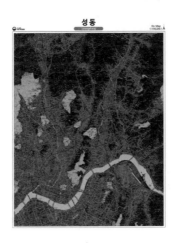

1 세 변의 길이의 비가 각각 같다. SSS 닮음

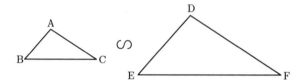

2 두 변의 비와 끼인각이 각각 같다. SAS 닮음

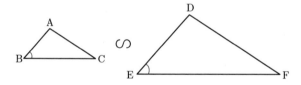

3 세 각이 각각 같다. AA 닮음

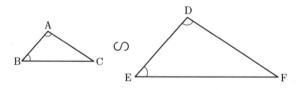

탈레스　Thales, 기원전 624~546(17쪽 참조)

삼각형의 닮음 조건은 탈레스의 비례식에서 출발한다. 대수학을 기하학에 적용하는 것이다. 그리고 에우독소스가 삼각형의 닮음 조건을 완성한다. 각의 크기를 A로 하면 삼각형의 닮음 조건은 SSS 닮음 조건, SAS 닮음 조건, AA 닮음 조건으로 3가지가 있다. 두 도형의 닮음 기호는 ∽를 사용한다. '닮은'이라는 영어 단어 similar의 이니셜 s를 가로로 눕혀 기호화한 것이다.

첫 번째 닮음 조건은 SSS 닮음 조건으로 '세 변의 길이의 비가 일정하면 두 삼각형은 닮음 도형이다'는 의미이다.

두 번째 닮음 조건은 SAS 닮음 조건으로 '두 변의 길이의 비가 비례하고 끼인각이 같으면 두 삼각형은 닮은 도형'이라는 의미이다.

세 번째 닮음 조건은 AA 닮음 조건이다. 여기서 의문이 들 것이다. 삼각형의 세 각이 같으면 왜 AAA 닮음 조건이 아닐까?

삼각형은 두 각이 같으면 나머지 한 각도 같게 되어 굳이 AAA로 표기할 필요는 없다. 사각형부터는 모든 변의 길이의 비가 일정하고, 모든 각이 같아야 닮음 도형이다. 닮음 조건은 도형의 축소, 확대, 합동을 설명하는 데 매우 중요한 공식이다.

6 대칭도형

대칭도형은 점대칭도형, 선대칭도형, 면대칭도형이 있다.

1 선대칭도형은 대응하는 두 점을 잇는 선분이 대칭축으로 도형을 수직 이등분하는 도형이다.

2 점대칭도형은 180° 회전해도 같은 도형이 되는 것이다.

3 면대칭도형은 면을 기준으로 입체공간의 대칭도형이다.

탈레스 Thales, 기원전 624~546(17쪽 참조)

우리는 미술수업 시간에 데칼코마니를 해보았다. 종이의 한
쪽 면에 물감을 묻힌 후 반으로 접으면 접은 선을 중심으로
좌우가 같은 모양이 된다. 바로 데칼코마니다. 이를 통해 우
리는 선대칭을 직접 확인해볼 수 있다.

나비의 날개, 잠자리의 날개, 만화
경도 우리가 쉽게 관찰 가능한 선대
칭의 예이다.

선대칭을 도형으로 구현하면 좌우
대칭인 도형이다.

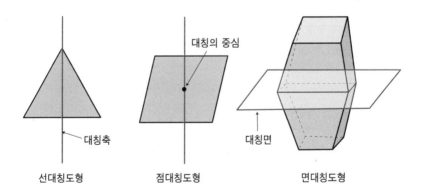

선대칭도형   점대칭도형   면대칭도형

점대칭도형은 대칭의 중심에서 180° 회전하면 원래 도형이 되는 것으로 문양에서 많이 발견된다. 태극 문양과 트럼프 카드의 그림이 대표적인 점대칭 그림이다.

대칭도형은 대칭을 도형에 접근한 것으로 도형의 합동 이론에서 나왔다. 도형의 위치는 변해도 크기는 절대로 변하기 않은 합동의 성질이 적용된 것이다.

면대칭은 면을 축으로 한 대칭이동인데, 면대칭도형은 전자기학과 물리학의 이론을 증명하는 소재가 된다.

대칭은 군론에서도 유명한 이론이자 공식이다. 갈루아가 5차방정식부터는 근의 공식이 없음을 대칭을 이용하여 증명했다.

위상수학의 해결과 초끈 이론 같은 난해한 물리학도 대칭으로 문제의 실마리를 찾는다.

기원전부터 시작되어 현재 증명 방법만
400가지가 넘는 공식

피타고라스의 정리

직각삼각형에서 직각을 낀 두 변이 a, b이고 다른 빗변이 c이면 $a^2+b^2=c^2$이 성립한다.

피타고라스
Pythagoras, 기원전 580~500

고대 그리스 철학자이자 수학자. 수학과 천문학, 음악 이론에 지대한 공헌을 했다. 이집트와 바빌로니아에서 유학한 그는 동방의 신비주의를 비롯해 수학, 과학, 철학, 음악, 점성술에 이르기까지 매우 다양한 분야를 연구했다. 수학과 화음과의 관계를 증명한 것도 그의 업적 중 하나로 꼽힌다.

피타고라스의 정리는 건축학, 토지 측량, 항해술, 교각 건설, 댐 건설, 항공로 개설 등 여러 방면에서 응용되는 대표적인 수학 정리 중 하나이다. 직각삼각형에서 변의 길이를 구하거나 관계를 알아낼 때 필요한 중요한 정리이며 증명 방법도 400여 가지가 넘는다.

그런데 사실 피타고라스의 정리는 피타고라스가 발견한 것은 아니다.

피타고라스의 정리는 그가 태어나기 훨씬 전인 기원전 800년경 인도의 수학자인 바우다야나[Baudhayana, 기원전 800~740]의 저서 《술바수트라스》에 소개될 정도로 인류 역사에서 가장 오래된 정리다. 또한 고대 바빌로니아에서도 피타고라스의 정리를 알고 있었다는 기록이 있다.

그런데도 '피타고라스의 정리'로 불리는 이유는 공식이 성립함을 최초로 증명한 수학자는 피타고라스이기 때문이다.

피타고라스의 정리에 대한 수많은 증명방법 중 1개를 소개하면 다음과 같다.

'정사각형 ABCD의 넓이는 합동인 직각삼각형 4개와 작

은 정사각형 1개의 넓이의 합과 같다'

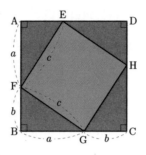

□ABCD의 넓이＝$4 \times$ △FEA의 넓이＋□EFGH

$$(a+b)^2 = 4 \times \frac{1}{2}ab + c^2$$

좌변과 우변을 각각 전개하면

$$a^2 + 2ab + b^2 = 2ab + c^2$$

양변에 $2ab$를 빼면

$$a^2 + b^2 = c^2$$

  피타고라스는 수^數를 만물의 근원으로 보고 세계를 설명하려 했다. 그리고 그의 이론을 연구한 학파가 바로 피타고라스학파이다. 우리가 알고 있는 피타고라스의 업적은 피타고라스학파가 정리해 세상에 소개한 것이다.

피타고라스의 정리는 이미 증명되었음에도 여전히 수학자들이 새로운 증명에 도전하는 이유는 무엇 때문일까?

수학의 모든 분야에서 피타고라스의 정리가 포함된 식을 찾아볼 수 있기 때문이다. 삼각함수에는 피타고라스의 정리를 적용하여 확장한 수식들이 많으며 정수론에서도 복소수를 설명할 때 피타고라스의 정리는 필수적인 공식이다. 페르마의 마지막 정리도 피타고라스의 정리의 연장선상의 공식이며 따라서 페르마의 정리를 증명하기 위해서는 피타고라스의 정리를 이해해야 한다. 또 미적분과 확률론에도 피타고라스 수식은 등장한다.

이처럼 많은 수학 분야에서 피타고라스의 정리가 쓰이고 있기 때문에 이에 관련된 연구를 하는 동안 400여 가지가 넘는 피타고라스의 정리에 대한 증명이 발견된 것이다.

중세 유럽에서는 대학원에서 수학을 전공할 때 피타고라스의 정리의 증명 방법을 독창적으로 설명해야 석박사 학위를 수여했다고 하니 수학계에서 피타고라스의 정리가 차지하는 비중을 짐작할 수 있을 것이다.

수학을 위한 기본 스텝

구구단

2에서 9까지의 자연수를 두 개씩 차례대로 곱해 나타낸 72개의 공식.

피타고라스　Pythagoras, 기원전 580~500(27쪽 참조)

초등학교 2학년이 되면 구구단을 배운다.

$2 \times 1 = 2$, $2 \times 2 = 4$, $2 \times 3 = 6$, $\cdots$, $9 \times 9 = 81$의 72개의 공식으로 되어 있는 구구단을 누구나 기억할 것이다.

구구단은 곱셈을 위한 학습 분야이면서도 수학의 기초가 된다. 구구단을 달달 외우면 평생 동안 머릿속에 기억되어 곱셈에 대한 연산을 수월하게 할 수 있다.

구구단에서 4×5나 5×4는 둘 다 결과가 20인 것은 교환법칙 $a \times b = b \times a$와 관련이 있다.

구구단의 정확한 기원은 알려진 것이 없다. 바빌로니아인이 이미 구구단을 알고 있었다고는 하나 정확한 기록은 없다.

우리나라는 6세기 초 백제가 한자로 목간에 기록한 것이 있다.

백제의 구구단은 일본에 전파되어 8세기경 일본에서 만든 구구단 목간표가 있다.

중국은 기원전 3세기경 리야 유적에서 발견된 목간표에 구구단의 기록이 있다.

현재 인류에게 남아 있는 가장 오랜 구구단 기록은 피타고라스가 기원전 6세기에 구구단표를 체계적으로 정리한 것이다.

구구단은 2단에서 9단까지만 있는 것이 아니라 10단, 11단도 있으며 인도는 학교에서 19단을 교과 과정으로 가르친다.

9

자갈을 보며 만든 공식

세제곱의 합 공식

$$1^3 + 2^3 + \cdots + n^3 = (1 + 2 + \cdots + n)^2$$

피타고라스 Pythagoras, 기원전 580~500(27쪽 참조)

◇

　피타고라스와 그의 제자들이 해안가에서 토론을 벌이던 중에 생겨난 공식이 있다. 기하학적으로 증명된 것인데 흥미로운 공식이었다. 해안가의 자갈을 보고 개수에 대해 법칙이 생겨난 것이다.

　1개의 자갈과 8개의 자갈의 개수를 더했더니 9개가 되고, 거기에 27개의 자갈을 더했더니 36개의 자갈이 되었다. 격자판의 개수를 자갈의 개수로 보았더니 정말 증명이 되었다.

　그림으로도 공식이 성립함을 증명할 수 있었던 것이다.

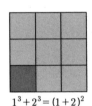

$$1^3 + 2^3 = (1+2)^2$$

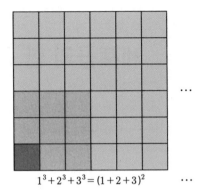

$$1^3 + 2^3 + 3^3 = (1+2+3)^2 \qquad \cdots$$

자갈의 개수를 늘려도 그 공식은 성립했다.

이렇게 해서 탄생한 공식이 $1^3 + 2^3 + \cdots + n^3 = (1+2+\cdots +n)^2$이다.

이 공식은 공식을 시각적으로 증명한 방법의 기원이 되었다. 또한 수열에 많이 사용하는 공식으로 확장되면서 현재 $1^3 + 2^3 + \cdots + n^3 = \left(\dfrac{n(n+1)}{2}\right)^2$으로 유명한 공식이다.

10

초승달 도형의 재미있는 특성

히포크라테스의 초승달

직각삼각형과 초승달 모양의 도형의 넓이는 같다.

$$S_1 = S_2$$

히포크라테스
Hippocrates, 기원전 470~400

고대 그리스의 수학자. 최초로 기하학에 관련한 책을 편찬하여 유클리드의 기하학에도 영향을 주었다. 고대 그리스 수학의 개념과 정리했으며 삼각형 ABC처럼 꼭짓점 A, B, C를 문자로 나타내 기호로 쉽게 나타내게 된 것도 히포크라테스의 업적 중 하나이다. 동명이인의 히포크라테스가 있는데 의학의 아버지 히포크라테스는 코스의 히포크라테스, 수학자 히포크라테스는 키오스의 히포크라테스로 구분한다.

'히포크라테스의 초승달'은 그림으로 보면 어떤 법칙이 적용되는지 금방 알게 되지만 좀 더 완전한 이해를 위해서는 증명이 필요하다.

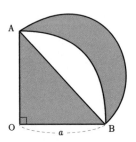

위의 도형에서 S_1과 S_2의 넓이가 같은 것을 증명하면 된다. 직각삼각형의 한 변의 길이와 부채꼴의 반지름의 길이를 a로 하면,

S_1 = 직각삼각형 AOB의 넓이 = $\dfrac{1}{2}a^2$

S_2 = 초승달 모양의 도형의 넓이

  = 직각삼각형 AOB의 넓이 + 반원의 넓이 − ▽AOB의 넓이

  = $\dfrac{1}{2}a^2 + \dfrac{1}{2}\pi\left(\dfrac{\sqrt{2}\,a}{2}\right)^2 - \dfrac{1}{4}\pi(a)^2 = \dfrac{1}{2}a^2$

따라서 $S_1 = S_2$가 성립한다.

히포크라테스의 초승달 문제를 일반화한 수학자는 이븐 알 하이삼$^{Hasan\ Ibn\ al-Haytham,\ 965~1040}$이다.

이븐 알하이삼이 일반화한 것을 보여준 그림에서 초승달 모양의 도형은 2개이다.

직각삼각형 ABC에서 빗변을 밑변으로 놓고 반원을 그린 후 나머지 두 변도 지름으로 하는 반원을 그리면 색칠한 두 개의 초승달 모양의 도형의 넓이 합과 직각삼각형의 넓이는 같다는 공식이다.

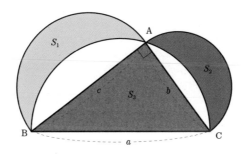

이것도 참인지 궁금할 것이다. 직접 확인해 보자.

직각삼각형 ABC 위의 2개의 반원의 지름을 각각 c, b로 정하고 빗변의 길이를 a로 하면,

$$S_1 + S_2 = \frac{1}{2} \times \pi \left(\frac{c}{2}\right)^2 + \frac{1}{2} \times \pi \left(\frac{b}{2}\right)^2 + \frac{1}{2}bc - \frac{1}{2}\pi \times \left(\frac{a}{2}\right)^2$$

$$= \frac{\pi c^2}{8} + \frac{\pi b^2}{8} + \frac{1}{2}bc - \frac{\pi a^2}{8} = \frac{\pi}{8}\underline{(b^2 + c^2)} + \frac{1}{2}bc - \frac{\pi a^2}{8}$$

$b^2 + c^2 = a^2$이므로

$$= \frac{\pi a^2}{8} + \frac{1}{2}bc - \frac{\pi a^2}{8} = \frac{1}{2}bc$$

$$S_3 = \frac{1}{2}bc$$

따라서 $S_1 + S_2 = S_3$가 성립한다.

히포크라테스의 초승달로 원의 넓이와 같은 정사각형의 작도 가능성의 길이 열렸다. 그래서 많은 수학자들이 원의 넓이와 같은 정사각형의 작도에 대해 연구했고 해결될 것이라는 희망을 가졌다.

그러나 2200여 년이 지난 1882년 린데만이 원의 넓이와 같은 정사각형의 작도는 불가능하다는 결론을 짓게 되며 3대 작도 불가능 중 하나가 된다.

'플라톤의 입체도형'에 관한 정리

정다면체의 정리

정다면체의 종류는 정사면체, 정육면체, 정팔면체,
정십이면체, 정이십면체로 5개이다.

플라톤
Platon, 기원전 427~347

그리스의 수학자이자 철학자. 소크라테스의 제자였던 플라톤은 이데아
론을 주장했다. 저서로는《소크라테스의 변명》《파이돈》《향연》《국가
론》 등이 있다. 그가 주장한 이데아는 현실 너머의 순수한 영혼적 상태
와 사물의 진정한 모습이 존재한다는 플라톤 철학의 중심 개념이다.
플라톤은 아카데미를 세워 정신 수양과 발전을 위해 수학을 가르쳤는데
제자로는 3단 논법의 아리스토텔레스, 최초로 도형의 넓이와 부피를 구
하려고 했던 에우독소스, 기하학을 집대성한 그리스의 수학자 유클리드
등이 있다.

정다면체는 각 면의 모양이 모두 합동이고, 각 꼭짓점에 모인 면의 개수가 동일한 다면체를 말한다. 정다면체는 정의가 성질과 의미가 같다고 할 수 있다.

플라톤은 기원전 350년경에 《티마에우스^{Timaeus}》에서 정다면체가 우주를 구성하는 원소 4개인 물, 불, 공기, 흙을 상징한다고 주장했다.

정사면체는 불을, 정육면체는 흙을, 정팔면체는 공기를, 정십이면체는 우주를, 정이십면체는 물을 상징한다.

정다면체의 그림과 전개도는 다양하다. 다음 그림은 정다면체의 전개도를 1개씩만 소개한 것으로 정육면체는 무려 11개나 된다.

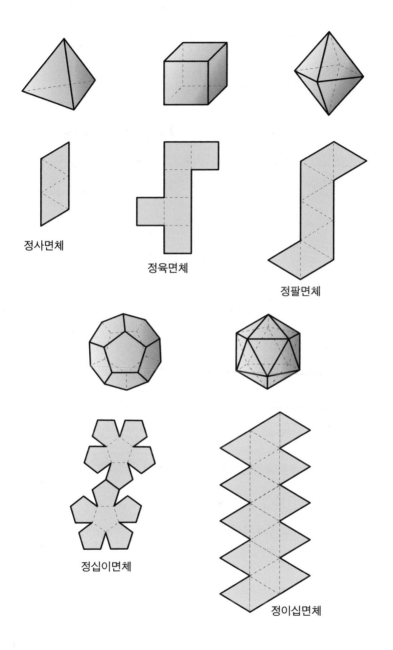

정사면체

정육면체

정팔면체

정십이면체

정이십면체

아래 도표는 정다면체의 면의 모양과 한 꼭짓점에 모이는 면의 개수, 면, 꼭짓점, 모서리의 개수 등을 정리한 것이다.

	정사면체	정육면체	정팔면체	정십이면체	정이십면체
면의 모양	정삼각형	정사각형	정삼각형	정오각형	정삼각형
한 꼭짓점에 모이는 면의 개수	3	3	4	3	5
면의 개수	4	6	8	12	20
꼭짓점의 개수	4	8	6	20	12
모서리의 개수	6	12	12	30	30

도표를 보면 정십이면체가 정이십면체보다 꼭짓점이 8개 더 많다. 그런데 잘못하면 반대로 알 수 있기 때문에 유심히 봐야 할 부분이다.

두 정다면체의 모서리의 개수가 서로 같은 것도 알아야 할 부분인데 겨냥도를 보면서 세어보는 것이 가장 확실하게 알 수 있는 방법이다.

12

비례식의 신기한 공식
가비의 이

비의 값이 같으면 개별적인 분모와 분자의 합도 그 비의 값과 같게 된다.

$$\frac{a}{b} = \frac{c}{d} = \frac{a+c}{b+d}$$

에우독소스
Eudoxus, 기원전406~355

그리스의 수학자이자 천문학자. 실진법과 비례론으로 유명하다. 실진법의 연구 성과는 후에 미적분에 많은 영향을 끼쳤다. 천동설을 주장했으며 원뿔의 부피가 원기둥의 부피의 $\frac{1}{3}$ 임을 증명한 것과 대수학 곡선인 '에우독소스의 캄필레'로도 유명하다. 유클리드의《원론》5, 6권에는 에우독소스의 연구내용이 많이 반영되어 있다.

비례식의 특별한 성질이 있다. 바로 '가비의 이'이다. 가비의 이는 한자어로 '加比의 理'이다. 의미는 '비를 더하니 이론적으로 증명이 된다'로 해석된다.

그렇다면 가비의 이는 정말 성립할까?

숫자를 예로 들어 대입하면 증명이 된다.

$\frac{1}{2} = \frac{2}{4}$ 이므로 $\frac{1+2}{2+4}$ 로 나타내어 계산하면 $\frac{3}{6}$ 이며 약분하면 $\frac{1}{2}$ 이므로 참이다.

즉 $\frac{1}{2} = \frac{2}{4} = \frac{1+2}{2+4}$ 로 가비의 이가 성립하는 것이다.

이제 비례식을 연비로 확장하여 검산해보자.

$\frac{2}{7} = \frac{4}{14} = \frac{8}{28}$ 의 연비가 있다.

$\frac{2}{7} = \frac{4}{14} = \frac{8}{28} = \frac{2+4+8}{7+14+28}$ 로 가비의 이가 성립한다.

가비의 이는 다항식에도 확장하여 계산할 수 있는 유명한 공식이다.

13 각뿔, 원뿔의 공식

높이가 h이고 밑면의 넓이가 S인

각뿔의 부피 $V = \dfrac{1}{3}Sh$

원뿔의 부피 $V = \dfrac{1}{3}\pi r^2 h$

에우독소스 Eudoxus, 기원전406~355(43쪽 참조)

　각기둥의 $\dfrac{1}{3}$에 해당하는 부피는 각뿔의 부피이다. 밑면의 넓이와 높이가 같은 각기둥의 그릇에 각뿔 모양의 컵으로 물을 세 번 부으면 가득 채우게 된다. 실험을 해도 믿을 수 없다면 여러 증명방법 중 한 가지인 정사각기둥(정육면체)의 그림으로 증명해보겠다.

아래 그림을 보면 정사각기둥은 연갈색으로 칠한 합동인 정사각뿔 여섯 개로 나누어진다.

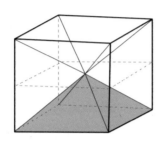

즉 연갈색으로 칠한 정사각뿔의 부피는 정육면체의 $\frac{1}{6}$이다. 이번에는 정육면체를 가로로 정확히 2등분하면 윗부분과 아랫부분으로 나누어지는 데 아랫부분의 부피는 당연히 $\frac{1}{2}$이며 연갈색으로 칠한 정사각뿔 3개의 부피로 채울 수 있다. 그러면 직육면체와 정사각뿔은 밑면이 합동이고 높이가 같으므로 정사각뿔의 부피는 직육면체의 부피의 $\frac{1}{3}$이다.

이를 다른 각뿔에도 적용하면 각뿔의 부피는 각기둥의 부피의 $\frac{1}{3}$인 것으로 일반화할 수 있으며 원뿔의 부피도 공식으로 이해할 수 있다.

14

모양을 바꿔도 넓이는 같다

등적 변형

두 개의 직선 l과 m이 평행하면

△ABC, △DBC, △EBC의 넓이는 같다.

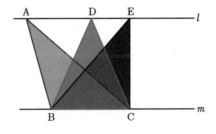

에우독소스 Eudoxus, 기원전406~355(43쪽 참조)

유클리드의 《원론》 5, 6권에는 에우독소스의 비례식에 대한 정리가 체계적으로 되어 있다. 그중 6권에는 '두 개의 직선이 서로 평행할 때 밑변의 길이가 같은 삼각형은 서로 넓이가 같다'는 내용이 나온다. 평행한 두 직선은 거리가 같으므로 삼각형의 모양이 달라도 높이는 일정하다. 따라서 넓이가 같도록 작도하려면 그림처럼 바꾸면 되는데 이것을 '등적 변형'이라 한다.

삼각형의 등적 변형을 이용하면 예각, 직각, 둔각삼각형 등 다양한 삼각형 모양으로 작도할 수 있다. 그러면 사각형도 등적 변형을 할 수 있을까?

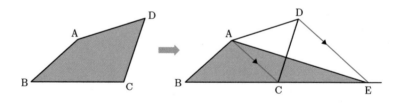

대각선 $\overline{AC}$와 평행한 $\overline{DE}$를 그린 후 등적 변형을 이용하면 △DAC와 △EAC는 넓이가 같게 된다. 따라서 사각형이 삼각

형으로 작도가 되었다.

변의 길이가 주어지지 않아 사각형의 넓이를 구할 수 없을 때 삼각형으로 등적 변형을 해서 넓이를 구하는 예가 종종 있다. 또한 오각형 이상의 다각형도 삼각형으로 등적 변형하여 문제를 해결할 수도 있다.

등적 변형은 피타고라스의 정리 증명에도 많이 이용되었다.

15

스파이들은 소인수분해를 이해할까?

소인수분해

합성수를 소인수의 곱으로 나타낸 것을 소인수분해라고 한다.

예 36을 소인수분해하면 $2^2 \times 3^2$

유클리드
Euclid, 기원전 325~265

고대 그리스의 수학자. 정수론과 기하학을 집대성해 체계화한 《원론》 13권으로 수학사에 큰 영향을 미쳤다. 유클리드 기하학은 19세기 말 비유클리드 기하학이 등장하기 전까지 2000여 년 넘게 수학계에서 절대적인 지지를 받았던 기하학이다. 현재도 유클리드 기하학은 수학 분야에서 매우 중요해 초·중·고등 기하학 단원의 대부분을 차지한다. 저서로는 《반사광학 Catoptrics》과 《카논의 구분 Sectio canonis》 등도 있다.

소인수분해는 유클리드《원론》9권에 소개되며 정수론에서 중요한 공식이다. 어떤 수의 약수를 구할 때 소인수분해를 하면 편리하다.

소인수분해를 하는 방법은 2가지이다. 60을 소인수분해해 보자. 첫 번째 방법은 오른쪽과 같다.

소인수분해를 할 때는 소수인 2, 3, 5, 7, ⋯ 등으로 계속 나눈다. 더 이상 나누어지지 않을 때까지 하는 방법이다. 60은 소수인 2와 3, 5로 나누어졌다. 즉 60은 $2^2 \times 3 \times 5$로 소인수분해 되었다. 2, 3, 5는 소인수이다.

$$
\begin{array}{r}
2\,)\,60 \\
2\,)\,30 \\
3\,)\,15 \\
\hline
5
\end{array}
$$

두 번째 소인수분해 방법은 다음과 같다. 수형도를 만들어서 소인수분해를 하는 방법이다.

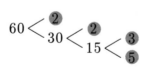

원 안에 있는 숫자가 소인수이다.

두 가지 방법 중 어느 것을 선택해서 풀어도 소인수분해의 결괏값은 같다.

소인수분해를 통해서 알아낼 수 있는 것이 하나 더 있다. 바로 약수의 개수이다. 구하는 공식은 소인수분해했을 때 소인수의 지수에 각각 1을 더해서 곱하는 것이다.

우선 100의 약수를 나열해보면 1, 2, 4, 5, 10, 20, 25, 50, 100으로 약수의 개수는 9개이다. 100을 소인수분해하면 $2^2 \times 5^2$이다. 소인수 2와 5의 지수인 2에 각각 1을 더하면 $3 \times 3 = 9$개로 검토된다.

공식으로 나타내면 어떤 수가 $a^m \times b^n$으로 소인수분해될 때 약수의 개수는 $(m+1) \times (n+1)$이다.

소인수분해는 암호학과 정수론에 중요한 수학 분야이자 공식이다.

16

최대공약수를 구하는 공식
유클리드 호제법

자연수 A를 B로 나눌 때 몫이 Q, 나머지가 R이면
$A = BQ + R$로 나타낸다.

'A와 B의 최대공약수는 B와 R의 최대공약수'인 것
을 알고 반복 알고리즘으로 구한다.

유클리드   Euclid, 기원전 325~265(50쪽 참조)

유클리드의 호제법은 '제수와 피제수의 최대공약수는 피제
수와 나머지의 최대공약수가 같다'는 것을 둔 최대공약수의
방법이다. 그런데 한 번에 이해가 가지 않는 방법일 것이다.

쉬운 예를 들어보겠다. 간단하게 36을 10으로 나누어 보자.
36은 제수, 10은 피제수, 몫은 3, 나머지는 6이다. 이것은 초

등학교 3학년이면 충분히 계산 가능하다.

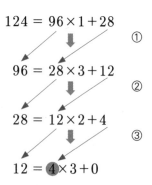

$$36 = 10 \times 3 + 6 \quad = \quad A = BQ + R$$

최대공약수 2 (위)

최대공약수 2 (아래)

이는 증명을 하지 않더라도 명제가 참인 것을 예로 든 것이다. A와 B의 최대공약수와 B와 R의 최대공약수가 같다.

여러분이 나눗셈으로 어떤 수를 하더라도 위의 법칙은 항상 참이다. 유클리드의 호제법은 위의 성질을 이용하여 풀어낸 알고리즘이다.

124와 96의 최대공약수의 호제법을 구한 예는 다음과 같다.

①에서는 124를 96으로 나눈 몫은 1이고 나머지는 28이다. 피제수인 96과 나머지인 28을 나눈다. ①에서 알 수 있는 것은 124와 96의 최대공약수는 96과 28의 최대공약수와

$$124 = 96 \times 1 + 28 \quad ①$$
$$96 = 28 \times 3 + 12 \quad ②$$
$$28 = 12 \times 2 + 4 \quad ③$$
$$12 = 4 \times 3 + 0$$

54

같다는 것이다.

②에서는 96과 28을 나누고 피제수인 28과 나머지 12를 나눈다.

③에서는 전 단계의 방법으로 하고 나머지가 0이면 알고리즘은 종료된다. 피제수인 4가 최대공약수이다.

유클리드 호제법은 유클리드의《원론》에 실린 내용이지만 정수론에도 소개되며 연분수의 생성과 '라메의 정리'에 영향을 주었다. 무엇보다 알고리즘의 발달에도 영향을 주었다.

17

평균법의 차이를 나타낸 절대부등식

산술평균과 기하평균 부등호 관계 공식

a와 b가 0보다 큰 수일 때

$$\frac{a+b}{2} \geq \sqrt{ab}$$

유클리드 Euclid, 기원전 325~265(50쪽 참조)

산술평균은 여러 데이터를 가질 때 평균을 구하는 방법이다. 합의 평균법이며 일상에서 많이 사용한다.

중간고사에 수학 점수가 70점인데, 기말고사에서 80점을 받았다면 평균은 $\frac{70+80}{2}=75$점이다. 데이터의 합을 데이터의 개수로 나누는 것으로 계산만 정확하다면 어려울 것이 없는 공식이다.

데이터가 3개이면 산술평균 구하는 공식은 $\dfrac{a+b+c}{3}$ 가 된다.

그런데 산술평균의 단점은 데이터의 편차가 크면 결괏값이 큰 변동을 나타낸다는 것이다. 그래서 변동의 위험성을 감소시키고자 기하평균으로 구하는 방법이 고안되었다.

피타고라스가 발견한 평균방법인 기하평균은 곱의 평균법으로도 말할 수 있다. 구하는 공식은 데이터 a, b가 있으면 $\sqrt{ab}$ 이다. 데이터가 세 개이면 $\sqrt[3]{abc}$ 이다. 그리고 산술평균과 기하평균의 부등호 관계는 $\dfrac{a+b}{2} \geq \sqrt{ab}$ 이다. 이것을 증명한 수학자는 유클리드이다.

공식을 증명하는 방법은 다양하지만 그림과 수식으로 보는 방법은 다음과 같다.

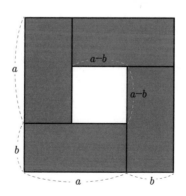

직사각형 4개를 맞붙여 가운데 공간을 갖는, 한 변이 $(a-b)$ 인 정사각형 1개를 생각해보자. 한 변이 $(a-b)$인 정사각형 의 넓이는 직사각형 4개가 맞붙어서 합한 넓이보다 항상 크 다. 그래서 $(a+b)^2 > 4ab$의 부등식을 이용해 공식을 증명 하면 다음과 같다.

$$(a+b)^2 > 4ab$$

좌변과 우변의 식이
양수이므로 제곱근을 씌우면

$$a+b > 2\sqrt{ab}$$

양변을 2로 나누면

$$\frac{a+b}{2} > \sqrt{ab}$$

그리고 이때 a와 b가 같다고 대입했을 때 부등식이 $a > a$가 되는 것은 모순이다. 따라서 등호를 포함하면 $\frac{a+b}{2} \geq \sqrt{ab}$ 가 성립한다.

산술평균은 등차수열에, 기하평균은 등비수열에 많은 영향 을 준 공식이다.

18

위상수학과 논증기하학을 위한 스텝

접현각 정리

원의 접선과 현이 이루는 각의 크기는 접선과 현이

이루는 각의 크기와 같다.

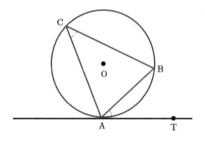

유클리드　Euclid, 기원전 325~265(50쪽 참조)

접현각 정리는 원의 접선과 현이 이루는 각의 크기와 원주 각에 대한 공식이다. 유클리드의 《원론》에서 설명한 기하학의 모든 것을 담은 공식으로 볼 수 있으며 증명과정은 다음과 같다.

원의 중심 O를 지나는 할선을 긋는다. 그리고 원 O와 만나는 점을 C′로 정하고 원의 한 점 A를 지나며 점 T를 포함하는 직선은 접하므로 $\angle C'AT = 90°$이다.

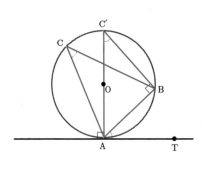

$\angle ABC' = 90°$이므로

$\angle C'AB + \angle BC'A = 90°$ ⋯①

$\angle C'AB + \angle BAT = 90°$ ⋯②

①,②에 의해 $\angle BC'A = \angle BAT$ ⋯③

$\overset{\frown}{AB}$에 대해 원주각의 성질을 이용하면

$\angle BC'A = \angle BCA$ ⋯④

따라서 ③, ④에 의해 $\angle BAT = \angle BCA$

접현각 정리는 논증기하학과 위상수학에 영향을 주었다.

19

나선 연구의 시작

아르키메데스의 나선

$$r = a + b\theta$$

아르키메데스
Archimedes, 기원전 287~212

유클리드, 아폴로니오스와 함께 고대의 3대 수학자이자 물리학자. 시칠리아의 시라쿠사 출생으로 알렉산드리아에서 교육받았다. 아르키메데스의 많은 수학적 업적 중 손꼽히는 것이 아르키메데스의 원리다. 이는 지렛대의 원리로, 수학과 과학에 많은 기여를 했다. 그는 부력의 원리를 발견해 배가 뜨는 원리를 설명도 했으며, 원의 넓이에 관한 공식을 발견했다. 시칠리아가 로마군의 공격을 받았을 때 70대의 노인이던 그는 투석기와 기중기 등 수학적 원리를 적용한 무기를 만들어 로마군의 공격을 방어했다.

여러분은 돗자리가 둘둘 말린 것을 본 적이 있을 것이다. 가전제품이나 시계의 건전지를 넣는 곳에서 스프링도 본 적이 있을 것이다. 이는 아르키메데스의 나선 모양을 본 뜬 것이다.

나선의 공식은 $r = a + b\theta$로, a는 나선의 중심점이고 b는 나선의 간격 크기를 의미한다. 따라서 b가 크면 간격이 더욱 벌어진다.

아르키메데스의 나선을 시작으로 많은 나선이 나타났다. 나선의 특징은 나선의 중심점에서 시계 반대방향으로 시작한다. 그래서 물체를 고정할 때 나사를 시계 방향으로 조이는 것이다.

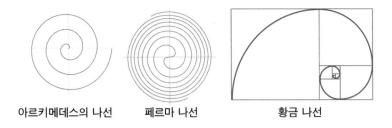

아르키메데스의 나선   페르마 나선   황금 나선

현재 알려진 대표적인 나선으로는 페르마의 나선, 황금 나선 등이 있다.

데카르트가 발견한 황금 나선은 전체 사각형 중에서 일부분을 떼어내어도 전체와 닮았다는 사실을 특징으로 하고 있다.

1963년 폴란드계 미국 수학자 울람[Stanisław Marcin Ulam, 1909~1984]이 발견한 울람 나선은 나선이 커져갈수록 대각선 패턴으로 소수들이 분포된 것을 특징으로 한다.

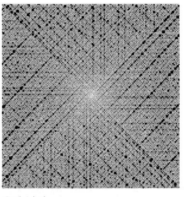

울람 나선

20

천재 수학자 아르키메데스의 끝없는 원 사랑

원주율 구하는 방법

$$n \sin\left(\frac{\pi}{n}\right) < \pi < n \tan\left(\frac{\pi}{n}\right)$$

아르키메데스　Archimedes, 기원전 287~212(61쪽 참조)

◇

원주율 π의 값이 약 3.14인 것은 대부분의 사람들이 알고 있다. 인류는 오래 전부터 원의 둘레(원주)가 원의 지름의 약 3배가 되는 것을 알았다. 구약성경의 열왕기상과 역대기하에도 원주율의 사용에 관한 구절이 있고, 고대 바빌로니아에서는 원주율을 약 3.125로 계산했다. 그리고 기원전 250년경 아르키메데스는 원의 내접하는 다각형과 외접하는 다각형의 길이를 계산하여 그 사잇값으로 원주율을 계산했다.

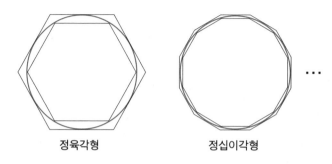

정육각형   정십이각형

아르키메데스는 '내접하는 정n각형 둘레 < 원의 둘레 < 외
접하는 정n각형 둘레'로 다각형의 둘레를 일일이 구하여 원
주율을 계산했다. 정육각형에서 정십이각형, 정24각형, 정48
각형, 정96각형으로 변의 수를 늘리면 원의 모양에 더욱 가
까워지는 것을 이용하여 원주율을 근삿값으로 구한 것이다.

이와 같은 방법으로 아르키메데스가 구한 고전적 방법은
원주율을 계산하는 데 많은 시간을 필요로 했지만 다행스럽
게도 우리가 현재 사용하는 원주율 공식은 삼각함수가 발전
하면서 만들어졌다. 공식을 만드는 단계는 다음과 같다.

내접하는 정n각형 둘레 < 원의 둘레 < 외접하는 정n각형
둘레 수식으로 나타내면 다음과 같다.

$$2nr\sin\left(\frac{\pi}{n}\right) < 2\pi r < 2nr\tan\left(\frac{\pi}{n}\right)$$

양변을 $2r$로 나누면

$$n\sin\left(\frac{\pi}{n}\right) < \pi < n\tan\left(\frac{\pi}{n}\right)$$

즉 정다각형의 변의 개수인 n의 값을 알면 원주율 π의 값의 범위를 계산할 수 있다. 정96각형은 n에 96을 대입하면 원주율은 $3.1410 < \pi < 3.1427$의 범위로 계산된다.

아르키메데스는 원주율의 범위를 $3\frac{10}{71} < \pi < 3\frac{1}{7}$으로 계산했으며, 소수로 나타내면 $3.1408 < \pi < 3.1429$이다. 원주율을 유리수로 나타내려면 원주율의 범위에서 가장 큰 분수인 $3\frac{1}{7}$로 생각해서 계산할 수 있다. 정확한 값은 아니지만 실제 원주율에 가까운 근삿값이다.

원주율을 π 기호로 처음 나타낸 수학자는 웨일즈의 윌리엄 존스(1706년)이다. 2021년 8월에는 원주율의 값을 62조 8,000억 자릿수까지 구했다.

21 원의 넓이 공식

$$S = \pi r^2$$

아르키메데스 Archimedes, 기원전 287~212(61쪽 참조)

기원전 1800년경 이집트에는 원의 넓이를 구하는 공식이 있었다. 원주율로 구하는 공식이 아니라 원과 비슷한 크기의 정사각형을 작도하여 나타낸 후 넓이를 구하는 것이다. 그래서 원의 지름에 $\frac{8}{9}$을 곱한 것을 정사각형의 한변의 길이로 정한 후 넓이를 계산한다.

예를 들어 원의 지름이 4이면 원의 넓이는 $4 \times \frac{8}{9}$을 제곱하여 약 12.64이다. 실제로 원의 넓이를 구하면 4π이므로 약 12.57이다.

이는 근사적으로 맞는 수치이지만 이집트의 원의 넓이 구하는 공식은 현재 사용하지 않는다. 대신 아르키메데스가 발견한 원의 넓이 공식 $S=\pi r^2$을 사용하고 있다.

아르키메데스가 증명한 원의 넓이 공식을 원의 둘레 구하는 공식 $l=2\pi r$을 이용해도 구할 수 있다. 다음 그림을 통해 증명을 확인하자.

원의 넓이에 대한 증명방법 중에서 케플러의 증명방법도 있다.

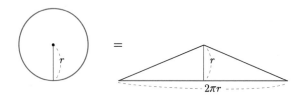

원은 그 둘레와 길이가 같은 선분을 밑변으로 하고 원의 반지름을 높이로 하는 삼각형과 넓이가 같다. 오른쪽의 삼각형의 넓이를 구하는 공식은 $\frac{1}{2} \times 2\pi r \times r = \pi r^2$이 되며 이는 곧 원의 넓이 공식을 증명한 것이다.

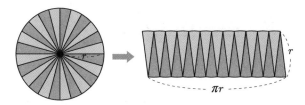

원을 24개의 부채꼴로 나누어 넓이를 구한 그림

　그림처럼 원을 크기가 일정한 부채꼴로 작게 나누어 그것을 잘라 오른쪽 그림처럼 붙히면 직사각형 모양에 가깝게 된다. 이를 직사각형의 넓이의 공식인 '가로의 길이×세로의 길이'를 적용하면 원의 넓이를 구할수 있다.

　즉 가로의 길이는 원의 둘레의 $\frac{1}{2}$인 πr이고, 세로의 길이는 원의 반지름인 r이므로 직사각형의 넓이는 $\pi r \times r = \pi r^2$로 구해지며 이것은 원의 넓이를 구하는 공식이 된다.

　수학 분야에 많은 업적을 남겼던 아르키메데스가 특히 원의 넓이를 구하는 공식을 자랑스러워했던 이유는 독창적이고 논리적 증명 방법이었기 때문이다. 또한 누구나 이해하기 쉬운 그림과 체계적 설명도 자랑스러워했다. 케플러의 증명방법도 원의 넓이를 증명하는 데 많이 사용한다.

22

아르키메데스의 획기적 기하학 공식

타원의 넓이

$$S = \pi ab$$

아르키메데스   Archimedes, 기원전 287~212(61쪽 참조)

◇

　타원은 계란형 도형으로 은하, 탁자, 럭비공, 배수구 뚜껑, 기업 로고 이미지, 접시 등 일상생활에서 많이 볼 수 있는 도형이다.

　1609년 케플러가 태양계의 궤도가 타원형인 것을 밝히고 난 후부터는 타원에 관한 연구가 더욱 활기를 띠었다. 그 전에는 대부분의 천문학자들이 태양계의 궤도를 원으로 잘못 알았던 것이다.

　아르키메데스의 《구와 원기둥에 대하여^{On Conoids and Spheroids}》

에는 타원의 넓이에 관한 공식과 증명이 있다.

아르키메데스는 실진법으로 타원의 넓이를 구했다. 실진법
은 도형을 채우는 삼각형이나 직사각형의 개수를 늘려서 넓
이를 구하는 방법이다.

이탈리아의 수학자 카발리에리[Bonaventura Francesco Cavalieri, 1598~1647]의 타원의 넓이 증명 방법은 간단하다.

우선 타원과 원의 차이점은 반지름의 길이다. 즉 원은 지름
이 일정하지만 타원은 일정하지 않다. 타원의 긴 반지름을 장
축, 짧은 반지름을 단축이라 한다. 장축을 a로, 단축을 b로
하면 원의 지름을 a로 했을 때, 넓이를 그림으로 비교하면
$\frac{b}{a}$ 배로 만든 것으로 볼 수 있다.

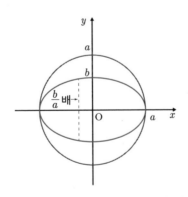

따라서 타원의 넓이는 원의 넓이$\times \frac{b}{a}$로 $\pi a^2 \times \frac{b}{a} = \pi ab$이다. 그리고 원은 타원의 범주에 속하며 특수한 형태이다.

타원의 넓이는 정적분으로 충분히 계산할 수 있지만 적분 공식도 없던 아르키메데스의 시대에 이미 타원의 넓이 공식이 발견된 것은 놀라운 일이다.

23

영역을 초월하는 공식
구의 부피 구하는 공식

$$V = \frac{4}{3}\pi r^3$$

아르키메데스　Archimedes, 기원전 287~212(61쪽 참조)

구의 겉넓이 $S = 4\pi r^2$ 이다. 그렇다면 구의 부피는 어떤 공식으로 구해질까?

구는 어떤 방향으로 잘라도 단면이 원인 도형이다. 전개도가 없으며 곡면으로만 이루어진 실생활에 많이 사용하는 도형이다.

구의 부피를 구하기 위해서 다음 그림처럼 구의 단면을 떼어보자.

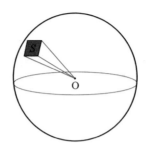

밑면의 넓이를 S로 하고 높이는 구의 반지름인 r로 하면 사각뿔과 비슷한 모양의 도형이 나타난다. 물론 밑면은 평면이 아닌 곡면이지만 말이다. 사각뿔 부피는 밑면의 넓이에 높이를 곱하고 3을 나눈다. 그러면 구에서 일부를 떼어낸 사각뿔 모양의 도형의 넓이를 나타내면 $\frac{1}{3}Sr$이다. 여기서 S가 구의 일부분이지만 구 전체를 덮는다고 가정하면 구의 겉넓이가 될 것이다.

이제 정리를 해보자.

구의 부피 $V = \frac{1}{3}Sr = \frac{1}{3} \times 4\pi r^2 \times r = \frac{4}{3}\pi r^3$이다.

구의 부피는 지구를 비롯한 태양계의 행성을 계산하는 데 필요하다. 원자의 입자 또는 전기장도 구의 모양이므로 구의 부피를 이용해 계산한다. 양자역학과 열역학 등의 증명과정에서도 필요하다.

24

챗GPT 사회는 소수를 원한다

에라토스테네스의 체

1부터 100까지 차례대로 자연수를 쓴 뒤 2를 제외한 2의 배수, 3을 제외한 3의 배수, 5를 제외한 5의 배수, 7을 제외한 7의 배수……의 순서로 차례대로 해당되는 자연수를 지운다. 그럼 결국 소수만 남게 된다.

~~1~~	②	③	~~4~~	⑤	~~6~~	⑦	~~8~~	~~9~~	~~10~~
⑪	~~12~~	⑬	~~14~~	~~15~~	~~16~~	⑰	~~18~~	⑲	~~20~~
~~21~~	~~22~~	㉓	~~24~~	~~25~~	~~26~~	~~27~~	~~28~~	㉙	~~30~~
㉛	~~32~~	~~33~~	~~34~~	~~35~~	~~36~~	㊲	~~38~~	~~39~~	~~40~~
㊶	~~42~~	㊸	~~44~~	~~45~~	~~46~~	㊼	~~48~~	~~49~~	~~50~~
~~51~~	~~52~~	(53)	~~54~~	~~55~~	~~56~~	~~57~~	~~58~~	(59)	~~60~~
(61)	~~62~~	~~63~~	~~64~~	~~65~~	~~66~~	(67)	~~68~~	~~69~~	~~70~~
(71)	~~72~~	(73)	~~74~~	~~75~~	~~76~~	~~77~~	~~78~~	(79)	~~80~~
~~81~~	~~82~~	(83)	~~84~~	~~85~~	~~86~~	~~87~~	~~88~~	(89)	~~90~~
~~91~~	~~92~~	~~93~~	~~94~~	~~95~~	~~96~~	(97)	~~98~~	~~99~~	~~100~~

에라토스테네스
Eratosthenes, 기원전 275~194

그리스의 수학자이자 천문학자, 지리학자. 지중해 남쪽 연안의 키레네에서 태어났다. 위도와 경도의 개념을 도입하고 달력에서 윤년을 창조했으며, 혼천의도 제작했다. 지구의 지름을 수학적으로 계산하여 둘레를 계산한 수학자이기도 하다.

◇

　소수는 2, 3, 5처럼 1 이외에 자신의 수를 약수로 갖는 수이다. 4처럼 1, 2, 4를 약수로 가진 수는 합성수라고 한다.

　소수는 이미 유클리드가 기원전 300년경에 그 개수가 무한하다는 것을 증명했다. 그렇다면 방정식을 푸는 근의 공식처럼 소수를 판별할 수 있는 공식도 있을까?

　수학자들은 이를 증명하기 위해 많은 연구를 했지만 안타깝게도 현재까지는 없다고 알려져 있다. 그나마 에라토스테네스의 체가 소수가 아닌 숫자를 빠르게 걸러낼 수 있는 방법이다. 또한 에라토스테네스의 체는 배수를 이용한 순차적이고 규칙적인 알고리즘 공식이다. 이 알고리즘 공식을 통하여 우리는 소수를 찾아낼 수 있다.

현재 우리가 알고 있는 가장 쉬운 소수 찾는 방법인 에라토스테네스의 체는 다음과 같다.

먼저 1에서 100까지의 숫자 중에서 소수도 합성수도 아닌 수 1을 먼저 제외한다.

계속해서 2를 제외한 2의 배수를 모두 지운다. 즉 2 이외의 짝수를 모두 지우는 것이다.

다음은 3을 제외한 3의 배수를 모두 지운다. 또 5를 제외한 5의 배수를 모두 지워나가는 방식으로 숫자를 지워나가면 결국 소수만이 남게 된다.

그렇다면 수학자들은 왜 소수를 연구하는 것일까? 수천 년 동안 연구했음에도 발견하지 못한 공식을 찾는 것은 너무 어리석은 시간 낭비 아닐까?

그런데 소수는 현대사회와 앞으로의 미래사회에 매우 중요한 역할을 하고 있으며 하게 될 것이다. 공개키 암호 알고리즘[RSA]에서 중요한 역할을 하기 때문이다.

또한 골드바흐의 추측과 리만 가설의 핵심이 소수에 있기 때문에도 소수에 대한 연구는 멈출 수가 없다.

25

물체의 그림자 길이 또는 넓이를 구하다!

정사영 공식

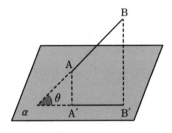

정사영의 길이 공식 $\overline{A'B'} = \overline{AB}\cos\theta$

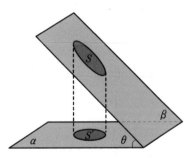

정사영의 넓이 공식 $S' = S\cos\theta$

정사영 공식   79

히파르코스

Hipparchus, 기원전 190?~125

그리스의 수학자이자 천문학자. 삼각법의 기초 중 일부를 만들었으며 삼각비 표를 만드는 내용을 담은 12권의 논문이 있었으나 현재 남아 있지 않다. 프톨레마이오스가 그의 논문을 인용하여 삼각비 표를 만들었다고 한다.

월식과 일식의 날짜를 예측하기도 했으며, 별의 겉보기 등급을 6등급으로 분류했다. 구면 삼각형에 대한 이론으로 19세기 비유클리드 기하학에 대한 아이디어를 제공했다.

삼각비 θ	$0°$	$30°$	$45°$	$60°$	$90°$
$\sin\theta$	0	$\dfrac{1}{2}$	$\dfrac{1}{\sqrt{2}}$	$\dfrac{\sqrt{3}}{2}$	1
$\cos\theta$	1	$\dfrac{\sqrt{3}}{2}$	$\dfrac{1}{\sqrt{2}}$	$\dfrac{1}{2}$	0
$\tan\theta$	0	$\dfrac{1}{\sqrt{3}}$	1	$\sqrt{3}$	∞
$\operatorname{cosec}\theta$	∞	2	$\sqrt{2}$	$\dfrac{2}{\sqrt{3}}$	1
$\sec\theta$	1	$\dfrac{2}{\sqrt{3}}$	$\sqrt{2}$	2	∞
$\cot\theta$	∞	$\sqrt{3}$	1	$\dfrac{1}{\sqrt{3}}$	0

히파르코스는 천문학자이자 수학자로 지구에서 달까지의 거리를 삼각법으로 측정했다. 당시 천동설이 압도적으로 인정받던 시기에 지동설을 주장한 학자이기도 하다.

삼각비 표를 만드는 방법을 알았던 히파르코스는 천문학에도 탁월한 능력을 발휘했으며 정사영에 대한 이론을 통해 물체를 수직으로 비춘 그림자의 길이 또는 넓이에 관한 것에 대해 공식을 세웠다.

그의 연구에 따르면 물체와 그림자 사이의 이면각 θ의 코사인 값을 곱하면 그림자의 길이 또는 넓이를 구할 수 있었다. 이는 삼각비 표를 참고하여 계산한다면 간단한 공식이다.

정사영 공식은 벡터에서 사용하고 있으며, 텔레센트릭 렌즈telecentric lens의 개발에도 영향을 주었다.

텔레센트릭 렌즈

26

삼각형의 세 변의 길이만 알면 넓이를
구할 수 있는 진기한 공식

헤론의 공식

삼각형 세 변의 길이를 각각 a, b, c로 하면

$s = \dfrac{a+b+c}{2}$ 일 때

삼각형의 넓이 $S = \sqrt{s(s-a)(s-b)(s-c)}$

헤론
Heron of Alexandria, 10~75

그리스의 수학자이자 공학자, 발명가. 이론적 수학보다는 실용적 수학에
관심을 두었으며 역학과 측지학에도 많은 기여를 했다. 헤론의 근사법과
헤론의 공식으로 유명하다. 14편의 논문을 남겼다.

헤론의 공식은 1896년 튀르키예의 콘스탄티노플에서 쇠네 Richard Schöne가 발견한 3권의 책 중 〈측정론Metrica〉에 수록된 공식이다.

〈측정론〉 1권에는 다각형과 원, 포물선, 입체도형의 넓이와 부피가 정리가 되어 있다. 이 중에서 삼각형의 넓이를 구하는 단원에 헤론의 공식이 전개되어 있으며 증명도 명확하다.

보통 삼각형의 넓이는 밑변과 높이가 주어졌을 때 구할 수 있다. 그런데 헤론의 공식은 높이가 주어지지 않아도 세 변의 길이만 안다면 삼각형의 넓이를 구할 수 있으니 진기한 공식임에는 틀림없다.

헤론의 업적 중에는 어떤 수의 제곱근을 알고리즘으로 어림잡는 '헤론의 근사법'이 있다.

헤론은 발명가로도 뛰어난 재능을 선보여 〈기체역학Pneumatica〉에서 다양한 기계를 설명했는데 그중에는 소방용 펌프, 화력에 의한 증기기관 등이 있다.

27

헤론의 독특한 평균 공식

헤론의 평균 ^{Heronian mean}

헤론의 평균 $H = \dfrac{a + \sqrt{ab} + b}{3}$

헤론 Heron of Alexandria, A.C. 10~75(82쪽 참조)

헤론의 평균은 기하평균과 산술평균만큼 알려진 평균 공식
은 아니다.

헤론의 평균은 데이터 a , b 가 있을 때 $H = \dfrac{a + \sqrt{ab} + b}{3}$
로 구한다. 기하평균과 산술평균 사이의 크기를 가지므로
 $\dfrac{a+b}{2} \geq \dfrac{a + \sqrt{ab} + b}{3} \geq \sqrt{ab}$ 이다.

헤론의 평균은 각뿔대의 부피와 원뿔대의 부피를 구하는
공식과 연관이 되어 알려진 공식이기도 하다.

일반적으로 잘린 원뿔대의 부피를 구할 때는 큰 부분에서

작은 부분을 빼는 방법으로 구한다.

　그러나 헤론의 평균을 이용하면 원뿔대의 두 밑면의 넓이 a, b를 헤론의 평균에 대입한 값에 높이를 곱하면 된다.

　예를 들어보자.

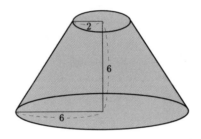

　원뿔대의 작은 밑면의 반지름을 2, 큰 밑면의 반지름을 6으로 하자. 높이는 6이다.

　이 경우 작은 밑면의 넓이는 4π이고, 큰 밑면의 넓이는 36π이다. 따라서 원뿔대의 부피는 다음과 같다.

$$V = \frac{1}{3}\left(4\pi + \sqrt{4\pi \times 36\pi} + 36\pi\right) \times 6 = 104\pi$$

　큰 원뿔에서 작은 원뿔의 부피를 빼는 방법으로 계산해도 원뿔대의 부피는 104π이다.

28

이차방정식을 쉽게 풀어보자

근의 공식

이차방정식 $ax^2+bx+c=0$에서 근의 공식으로 근을 구하면 $x = \dfrac{-b \pm \sqrt{b^2-4ac}}{2a}$이다.

브라마굽타
Brahmagupta, 598 ~ 665?

인도의 수학자이자 천문학자. 정수론에 능하여 제곱근과 이차방정식의 풀이로 유명했던 수학자다. 천문학 저서 《브라마스푸타싯단타 Brahmasphutasiddta(우주의 창조)》에 산술과 부정 1차방정식, 천문학에 대한 내용을 소개했다. 기하학에도 매우 많은 기여를 했으며 '브라마굽타 정리'로도 유명하다. 저서 《칸다 카드야카 Khandakadyaka》에 담긴 천문학에 관한 내용은 천문학 분야에 영향을 미쳤으며 최고의 천문학자 중 한 명으로 꼽힌다.

이차방정식의 근의 공식은 중학교 교과서에 등장하며 이차방정식의 해법인 인수분해, 완전제곱식 등과 함께 많이 사용하는 풀이 방법이다.

근의 공식은 2차항의 계수 a, 1차항의 계수 b, 상수항 c를 대입하면 구할 수 있는 간편한 공식이다.

이차방정식의 근의 공식의 발견으로 이차방정식의 연산에 소요되는 시간이 많이 줄어들면서 알 콰리즈미, 바스카라 2세, 사바 소르다 등 수학자들의 기하학 분야에서의 증명과 응용의 폭이 넓어질 수 있었다.

그 뒤 카르다노가 3차방정식의 근의 공식을, 카르다노의 제자인 페라리가 4차 방정식의 근의 공식을 발견했다.

5차방정식의 근의 공식은 오랜 시간 수학자들의 많은 노력에도 불구하고 발견되지 못한 채 시간만 흘러가다가 노르웨이의 수학자 아벨이 5차 이상의 대수 방정식은 근의 공식이 없다는 것을 증명함으로써 끝이 났다.

프랑스의 천재수학자 갈루아 또한 '군론'을 통해 5차 이상의 방정식의 근의 공식은 존재하지 않는 것을 증명했다.

브라마굽타는 숫자 0을 발명한 수학자로도 유명한데 0의 발견은 수학의 역사에 매우 중요하다.

같은 수를 빼면 0이 되는 것과 음수와 0의 합은 음수이며, 양수와 0의 합은 양수, 어떤 수와의 곱은 0이 된다는 것은 우리에게 너무 당연한 수학 계산 결과이지만 당시에는 획기적이며 매우 중요한 이론이자 정리였다.

브라마굽타의 수학적 연구는 주변과의 상호교류를 통해 서양에도 전해지게 되면서 수학 발전에 많은 공헌을 했다.

29 브라마굽타의 항등식

$$(a^2 + b^2)(c^2 + d^2) = (ac + bd)^2 + (ad - bc)^2$$
$$= (ac - bd)^2 + (ad + bc)^2$$

브라마굽타 Brahmagupta, 598 ~ 665?(86쪽 참조)

◇

　브라마굽타는 1차 부정방정식의 해법과 2차 부정방정식의 해법 분야에 놀라운 업적을 남겼다. 또한 대수학에 많은 기여를 했으며 그중 브라마굽타의 항등식은 유럽의 수학자들에게 많은 영향을 준 항등식 중 하나로 평가받고 있다.

　브라마굽타의 항등식은 좌변과 우변을 전개하면 등식이 성립하는 것을 확인할 수 있다. 이 항등식을 이용하면 대수학의 계산을 좀 더 쉽게 할 수 있다. 브라마굽타의 《브라마스푸타

싯단타^{Brahmasphutasiddta}(우주의 창조)》에는 이 공식에 대한 증명이 담겨 있는데 이는 오일러의 네 제곱수 항등식$^{\text{Euler's four-}}$$^{\text{square identity}}$의 일반화에도 영향을 주었다. 또한 덴마크의 수학자인 데겐$^{\text{Carl Ferdinand Degen 1766~1825}}$의 여덟 제곱수 항등식 $^{\text{Degen's eight-square identity}}$으로 확장되었다.

브라마굽타의 항등식은 정수론에서 필수적인 공식이며 복소수 체계에서도 그 중요성을 강조해도 지나치지 않다.

30

원에 내접한
사각형 넓이 공식

$s = \dfrac{a+b+c+d}{2}$ 일 때

사각형의 넓이 $S = \sqrt{s(s-a)(s-b)(s-c)(s-d)}$

브라마굽타   Brahmagupta, 598 ~ 665?(86쪽 참조)

◇

　브라마굽타는 대수학과 기하학에 많은 공식을 남겼다. 그중
원에 내접하는 사각형의 두 대각선의 길이에 대한 공식을 발
견하기도 했다. 그의 독창적 공식은 인도 수학뿐 아니라 유럽
에도 전파되어 삼각형의 세 변의 길이만으로 넓이를 구할 수
있는 공식인 '헤론의 공식'의 발견과 사각형의 넓이를 구하는

공식의 발견으로 이어졌다. 다만 그가 발견한 공식은 원에 내접한다는 조건을 만족해야 한다.

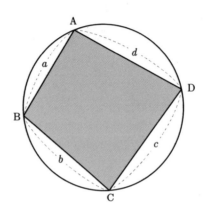

독일의 수학자 브레치나이더^{Carl Anton Bretschneider, 1808~1878}가 발견한, 원에 내접하지 않고도 사각형의 넓이를 구하는 공식은 브라마굽타의 공식에 영향을 받아 만든 공식이다.

설명은 다음과 같다.

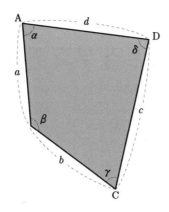

$s = \dfrac{a+b+c+d}{2}$ 일 때 사각형의 넓이는 다음과 같다.

$$S = \sqrt{(s-a)(s-b)(s-c)(s-d) - abcd\cos^2\left(\dfrac{\alpha+\gamma}{2}\right)}$$

브라마굽타의 공식과의 차이점은 삼각함수 코사인이 공식에 포함된 것이다. 여기서 α와 γ는 사각형의 마주보는 대각이다. 그래서 사각형의 대각을 β와 δ로 정해서 공식을 대입하여 다음처럼 사각형의 넓이 S를 구해도 된다.

$$S = \sqrt{(s-a)(s-b)(s-c)(s-d) - abcd\cos^2\left(\dfrac{\beta+\delta}{2}\right)}$$

31

부호 계산 규칙을 논리적으로 정하다

음수의 부호 계산

(음수) × (음수) = (양수)

브라마굽타 Brahmagupta, 598 ~ 665?(86쪽 참조)

◇

　브라마굽타는 인도에서 기하학 공식을 만들고, 항등식으로 여러 부등식의 공식을 세상에 선보인 천재 수학자이다. 또한 우리가 너무 당연하게 생각하는 계산식의 부호에 대한 공식을 처음 발견한 수학자이도 하다. 바로 "음수끼리 곱하면 부호가 어떻게 결정되는가?"가 그 공식의 주인공이다.

　우선 수직선의 양수부터 생각해보자. '거리＝속도×시간'이라는 공식에서 차가 오른쪽으로 수직선의 원점에서 1초에 2m 이동한다고 하자.

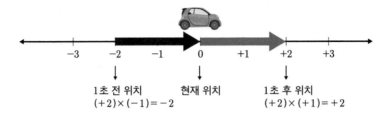

1초 전 위치   현재 위치   1초 후 위치
$(+2) \times (-1) = -2$ $(+2) \times (+1) = +2$

1초 후 이동한 거리는 $(+2) \times (+1) = 2$이므로 (양수) $\times$ (양수) = (양수)이다. 그리고 1초 전에는 전에 차가 있던 거리이므로 $(+2) \times (-1) = -2$이므로 (양수) $\times$ (음수) = (음수)이다.

이번에는 차의 이동방향을 반대로 생각해보자.

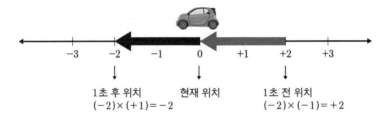

1초 후 위치   현재 위치   1초 전 위치
$(-2) \times (+1) = -2$ $(-2) \times (-1) = +2$

1초 후에는 반대방향으로 움직이므로 속도에 음수가 붙어서 $(-2) \times (+1) = -2$이므로 (음수) $\times$ (양수) = (음수)이다. 1초 전에는 오른쪽에 위치하므로 $(-2) \times (-1) = +2$이다. 즉 (음수) $\times$ (음수) = (양수)이다.

브라마굽타는 음수는 절댓값의 크기를 비교할 때 양수의 그것과 반대라는 것도 증명했다.

양수에서 부등호의 대소관계는 절댓값을 구해도 변하지 않는다. 그러나 음수인 경우에는 $-\frac{1}{2} < -\frac{1}{3}$ 이지만 절댓값을 구하면 부등호의 방향이 반대로 바뀐다.

32

우리 삶의 편리함을 도운 공식

십진법의 자릿수 공식

자릿수가 하나씩 늘어남에 따라 10배씩 커진다.

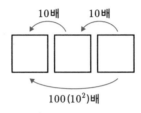

바스카라 2세

Bhāskara II, 1114~1185

인도의 수학자이자 과학자. 산술과 대수에 관한 많은 업적을 남겼다. 저
서 《싯단타 슈로마니(천체계의 왕관)(1150)》에는 천문학과 대수학, 산술이
수록되어 있다. 그는 현재와는 다른 독창적인 이차방정식의 근의 공식을
발견해 원주율을 $\sqrt{10}$ 즉 약 3.16으로 주장했다. 또한 독특한 뺄셈법과
곱셈법을 창안했다.

십진법은 고대 이집트에서 창조된 기수법이다. 손가락 10개에서 유래했으며 손가락으로 사물의 개수를 세기에는 가장 안성맞춤인 것이다.

바스카라 2세가 활동한 12세기에도 이미 십진법을 사용하는 나라가 많았지만 자릿수의 위치를 나타내는 것이 지금처럼 단순하고 편한 것이 아니라 복잡하고 서로 달랐다.

바스카라 2세는 0에서 9까지 사용하는 십진법으로 숫자를 나타낼 때 가령 백의 자릿수가 3, 십의 자릿수가 6, 일의 자릿수가 5이면 365로 정확하게 표기할 수 있는 것을 발견했고 거듭제곱으로 $3 \times 10^2 + 6 \times 10 + 5$로 전개할 수 있어서 사용하기 편하다는 것을 알렸다.

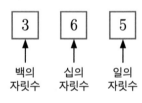

브라마굽타가 500년 전에 발견한 0을 활용해 204에서 십의 자릿수에 0을 기입하는 것도 그가 개발한 방법이다.

십진법의 발견은 특히 대수학 및 정수론의 발전에 많은 영향을 주었으며, 이후 사칙연산(+, −, ×, ÷) 기호를 발명하면서 현재 우리가 쓰고 있는 편리한 계산법이 자리잡게 되었다.

1킬로미터가 1000m인 것과 1kg이 1000g인 것도 십진법을 사용하는 예이다.

33 코사인법칙

$$c^2 = a^2 + b^2 - 2ab\cos C$$

알카시

Ghiyath ad-Din Jamshid Mas`ud al-Kashi,
1380~1429

이란의 수학자이자 천문학자. 대수학과 기하학, 삼각법 및 조합론, 근호를 이용한 방정식의 풀이를 계산하고 1429년에 무리수 π를 소수 16자릿수까지 계산했다. 기하학과 천문학을 담은 저서 《Zij-i Khaqani fi takmil Zij-i Ilkhani(하카니 천문학 표-일칸 천문학 표의 완성)》와 천문학 저서 《Sullam al-sama'fi hall ishkalwaqa'a li'l-muqaddimin fi'l-ab'ad wa'l-ajram(하늘로 오르는 계단, 이 전의 천문학자들이 거리와 크기를 결정할 때 겪었던 어려움의 해결)》등이 있다. 페르시아의 건축 장식 구조물인 무하르나스에 필요한 면적을 소수로 계산한 것으로도 유명하다.

두 변과 그 끼인각을 알 때, 다른 한 변의 길이를 구할 수 있는데 이것을 코사인 법칙이라 한다. 코사인 법칙은 '알카시의 공식'으로도 부른다.

$c^2 = a^2 + b^2 - 2ab\cos C$에서 C가 직각이면 $\cos 90°$는 1이므로 $c^2 = a^2 + b^2$이 되어 피타고라스의 정리가 된다.

또한 코사인 값을 좌변으로 놓고 나머지 변수를 오른쪽으로 이항하여 정리하면 $\cos C = \dfrac{a^2 + b^2 - c^2}{2ab}$으로 나타낼 수 있다.

이 공식은 삼각형의 세 변의 길이를 안다면 하나의 각도를 구할 수 있을 뿐만 아니라 이를 기반으로 세 개의 각도를 구하는 것도 가능할 수 있다. 물론 코사인의 각도가 30°, 60° 같은 특수각이 아니라면 삼각비 표를 참고하여 계산하면 된다.

삼각비의 값은 그리스에서 가장 먼저 계산했다고 한다. 150년경 프톨레마이오스가 저술한 수학 저서 《알마게스트 Almagest》에는 삼각비의 값을 구한 내용이 담겼으며 그 후로도 1300여 년 동안 수학자들은 삼각비의 값을 구해왔다. 이것을 알카시는 더 정교하게 구함으로써 삼각비의 발전에 영향을 미쳤다.

현재 수학자들은 삼각비의 값을 표에서 금방 찾거나 계산기로 쉽게 계산하고 있다.

코사인 법칙은 기하학과 벡터, 전기공학에 이르기까지 매우 광범위하게 사용한다.

34 지수법칙

대수학에 기여한 지수법칙

지수의 연산을 수월하도록 한 지수법칙의 발견.

1 $a^0 = 1$ → 지수가 0이면 1이다.

2 $a^m a^n = a^{m+n}$ → 곱하면 지수끼리 더한다.

3 $(ab)^n = a^n b^n$ → 곱의 전체 제곱은 각각
                                     제곱할 수 있다.

4 $a^m \div a^n = a^{m-n}$ → 나누면 지수끼리 **뺀**다.

5 $\left(\dfrac{a}{b}\right)^n = \dfrac{a^n}{b^n}$ → 분수의 전체 제곱은 각각
                                       제곱할 수 있다.

슈티펠
Michael Stifel, 1487~1567

독일 수학자. 슈티펠은 원래 수도사였지만 마틴 루터를 따라 개신교도로 개종했다. 또한 신비주의에 빠져들어 1533년 10월 19일에 종말론을 주장하여 세상을 현혹시킨다는 죄명으로 감옥에도 투옥되었다. 1535년 그는 홀츠도르프 교구로 파견되어 그곳에서 12년 동안 열성적으로 수학을 연구했다. 그의 멘토였던 야곱 밀리히Jacob Milich의 권유로 산술 및 대수학 개요를 저술했다. 전쟁이 발발하자 프로이센으로 건너가 쾨니히스베르크 대학교에서 수학과 신학을 가르쳤으며 1559년 예나 대학교의 교수로 임용되었다. 저서로는 《산술총서Arithmetica integra(산술백서라고도 함)》 등이 있다.

⬦

　우리가 지금 큰 숫자를 지수의 거듭제곱으로 나타내어 편리하게 나타낼 수 있게 된 것은 독일의 수학자 슈티펠 덕분이다. 지수라는 용어 exponent를 처음 사용하기도 했다. 10을

24번 곱하면 1뒤에 0이 24개나 된다. 굳이 나타내지 않아도 0이 많은 것을 알 수 있다. 이를 간단하게 나타내면 10^{24}이다.

16세기 대수학의 급격한 발전과 함께 수학기호학에 대한 관심이 두터워질 때 발견된 지수의 존재는 수학자들에게 매우 큰 영향을 주었다. 때문에 슈티펠의 지수의 발견은 지수함수의 발전에 중요한 영향을 미쳤다.

1544년 슈티펠은 〈산술총서〉을 발표하면서 지수에 관한 내용을 소개했다. 이때 같이 소개한 수학적 업적으로는 유리수, 무리수, 대수에 관한 내용과 등차수열과 등비수열 등이 있다. 또한 음수, 거듭제곱, 거듭제곱근 등을 다루기도 했다.

이 저서 속에서 다룬 지수는 이후 대수학 분야에서 매우 중요한 위치를 차지하게 되었다. 지금과 달리 당시 수학적 기호를 나타내는 것이 어려웠던 시기이기 때문에 지수가 제공한 편의성은 수학계에 큰 반향을 불러일으켰다.

지수의 발견은 70년 후 로그의 발견에 영향을 주었다. 지수의 연산과 로그의 연산을 보면 곱셈을 덧셈으로, 나눗셈을 뺄셈으로 계산하는 것이 일맥상통한다.

35

존재하지 않는 상상의 수

허수 i

두 수를 곱해 -1을 만족하는 x는 i이다.

봄벨리
Rafael Bombelli, 1526~1572

이탈리아의 수학자. 복소수 분야에 많은 업적을 남긴 수학자로 저서 중 〈대수학 $^{L'Algebra}$〉이 유명하다. 봄벨리는 고등교육을 받지 않은 사람도 이해할 수 있는 수학 저서를 써 수학의 대중화를 위해 노력했다.

허수는 많은 수학자들에게 외면을 받아온 수였다.

두 수를 곱하여 −1이 될 수 있을까?

x^2이 −1이 되는 x를 만족하기 위해서는 x를 $\sqrt{-1}$로 나타내지만 무리수 안에 음수가 넣어지는 것을 당시의 수학자들은 인정하지 않았다. 이차함수를 풀어 제곱근 안에 음수가 있는 경우는 해로 인정하지 않았던 것이다.

그런데 16세기에 허수의 연구가 활발해지기 시작했다. 1572년 봄벨리가 《대수학^{Algebra}》에서 실수와 함께 허수를 소개하고, 실수와 허수로 구성된 복소수를 설명하면서부터였다. 그러나 이때도 허수의 기호는 여전히 없었다.

데카르트는 '상상의 수$^{imaginary\ number}$'로 불렀고 오일러는 허수의 약자 i로 표기했다. 그런데 오일러의 허수 i의 표기는 신의 한수가 되어 복소해석학의 발전을 가져왔다.

허수를 쉽게 표기할 수 있게 되면서 차츰 이 분야를 연구하는 수학자들이 늘어났다. 예를 들면 이차방정식 $x^2 - 4x + 5 = 0$을 풀었을 때 $x = 2 + i$와 $2 - i$이다. 두 근은 허수보다 더 넓은 범위의 복소수를 근으로 갖는다.

36

최초로 규정한 복소수의 곱셈 법칙

복소수의 곱셈 법칙

$$(a+bi)(c+di)=ac+adi+bci-bd$$

봄벨리   Rafael Bombelli, 1526~1572(106쪽 참조)

◇

허수 i의 범위에 실수를 더한 것을 복소수라 한다.

봄벨리는 분배법칙을 이용해 복소수를 풀 수 있는 방법을 연구해 수학 계산을 한층 수월하게 만들었다.

복소수는 봄벨리가 활동하던 16세기에는 생소한 수 체계 였으며, 삼차방정식의 근에서도 허수를 포함한 복소수는 근 으로 인정하지 않던 시대였다.

봄벨리가 발견한 복소수의 연산법칙은 사칙연산이 적용된 다. 먼저 곱셈에 해당하는 곱셈법칙을 보자.

$$(a+\underline{bi})(\underline{c}+\underline{di})=ac+adi+bci-bd$$

번호 순서대로 분배법칙을 이용해 계산하면 된다. 마지막 $bi \times di = bdi^2 = -bd$가 되는 것을 주의하면 된다. i를 두 번 곱하면 -1이기 때문이다.

복소수는 물리학과 컴퓨터 프로그래머들에게도 중요한 수이며, 전기설계와 양자역학에는 필수인 수이다. 가상현실을 체험하는 메타버스 세계의 설계에도 필요하다.

37

근과 계수의 관계를 나타낸 공식

비에트의 정리

이차방정식 $ax^2+bx+c=0$에서 두 근을 α, β로 할 때 두 근의 합 $\alpha+\beta=-\dfrac{b}{a}$, $\alpha\beta=\dfrac{c}{a}$ 이다.

비에트
François Viète, 1540~1603

프랑스의 수학자. 판사로 재직하면서 수학을 연구했다. 수학에서 소수, 덧셈, 뺄셈, 분수 표시를 위한 기호들을 도입했으며, 삼각함수의 덧셈 정리로도 유명하다. 미지수에 모음을 도입해 수학적 계산을 더 쉽게 할 수 있도록 한 최초의 수학자이다. 국회 변호사, 궁정의 개인고문, 앙리 3세의 고문으로도 일했다. 대표적인 저서로는 《수학요람》《해석학 서설》《보 기하학》《방정식의 수학적 해법》 등과 그의 사후에 출간된 《방정식의 재검토와 수정》이 있다.

이차방정식은 최고 차수가 이차인 방정식을 말한다. 그래서 실수 체계에서는 근이 2개이거나 1개의 근인 중근을 가지거나 근이 없다.

이차방정식의 근을 구하는 근의 공식은 이차방정식을 접하는 단계에서 매우 중요하다. 방정식의 목적은 근을 구하는 것이기 때문이다. 그리고 근 끼리의 연산에 관한 성질을 알고자 할 때 접하는 것이 근과 계수의 관계이다.

이차방정식의 두 근의 합과 곱에 관한 공식은 비에트가 정리했다. 비에트의 정리는 '근과 계수의 관계'로도 알려져 있으며, 이차방정식 외에도 삼차 이상의 고차방정식에도 근과 계수의 관계로 근끼리의 곱과 합을 구할 수 있다.

근과 계수의 관계는 모든 고차방정식의 풀이에도 중요하며 더 나아가 행렬에 해당하는 특성다항식을 해결하는 데에도 사용한다.

비에트의 대표적인 업적으로 비에트의 정리를 꼽지만 대수학의 기초를 세운 것으로도 그가 수학계에 미친 영향은 매우 크다. 뿐만 아니라 비에트는 방정식의 미지수의 계수와 상수

를 영어의 알파벳으로 표현해 수학 계산을 더 쉽게 할 수 있
도록 했다. 방정식에서 값이 주어진 수인 기지수를 자음으로,
미지수를 모음으로 나타낸 것이다.

이에 대한 영향으로 1637년 데카르트는《방법서설》에서
기지수를 a, b, c로 미지수를 x, y, z로 나타낸다.

또한 비에트는 사차방정식, 삼차방정식, 이차방정식, 일차
방정식으로 나타나는 도형은 컴퍼스와 눈금 있는 자로 작도
할 수 있다는 사실을 증명한 것으로도 유명하다.

38

평행사변형으로 두 개의 분력을
합력으로 나타내다!

평행사변형의 법칙

평행사변형 ABCD에서 $\vec{a}+\vec{b}=\vec{c}$

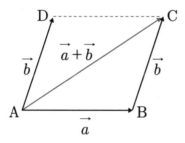

스테빈   Simon Stevin, 1548~1620

네덜란드의 수학자이자 물리학자, 기술자. 저서로
는 《10분의 1에 관하여De Thiende》《균형의 원리De
Beghinselen der Weeghconst》《산술Arithmetic》 등이 있다.
소수의 표기법과 계산법의 기준을 정립했으며 벡터
의 창시자이다. 대수학과 기하학을 학문적으로 구분하
지 않을 것을 주장했는데 이는 후에 데카르트의 해석기하학의 창안에
큰 영향을 주었다. 또한 그는 아르키메데스의 유체정역학 이론을 발전
시키고 풍력 전차와 배에 바퀴가 달린 전투용 수륙양용선을 개발했다.

길이와 거리, 에너지, 질량, 밀도, 온도처럼 크기만으로 결정되는 양들을 스칼라^{scalar}라고 한다. 스칼라의 덧셈은 덧셈만 할 줄 알면 가능하다.

힘과 속도, 가속도처럼 크기와 방향을 가지는 양은 벡터^{vector}이다. 그러나 벡터를 덧셈할 때는 스칼라와 달리 평행사변형 법칙을 사용한다.

스테빈은 유럽이 식민지 지배로 항해술과 천문학이 급속도로 발달하던 시기에 벡터를 만들었다. 평행사변형 법칙은 평행사변형 ABCD에서 $\vec{a} + \vec{b} = \vec{c}$를 말한다.

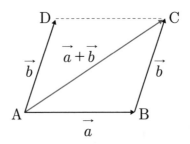

$\overrightarrow{AB} + \overrightarrow{AD} = \overrightarrow{AC}$ 로 나타낼 수도 있다.

하나의 물체에 방향과 크기가 다른 두 힘이 작용한다고 하자.

두 힘을 이웃한 두 변으로 하는 평행사변형의 대각선이 두 힘
의 합력을 나타낸다고 설명할 수 있다.

벡터의 덧셈은 교환법칙과 결합법칙이 가능하다. 따라서
$\vec{a}+\vec{b}=\vec{b}+\vec{a}$ 이며, $(\vec{a}+\vec{b})+\vec{c}=\vec{a}+(\vec{b}+\vec{c})$ 이다.

벡터는 전자기학과 의학에 이르기까지 매우 폭넓게 사용하
게 되었다.

39

정확성을 위한 수학자들의 결정체

소수 표기법

■이 10보다 작은 수일 때 $\dfrac{■}{10}=0.■$로 나타낸다.

▲이 10보다 작은 수일 때 $\dfrac{▲}{100}=0.0▲$로 나타낸다.

스테빈   Simon Stevin, 1548~1620(113쪽 참조)

◇

　물건을 잴 때 남는 부분을 표시하기 위한 기준이 없으면 분수를 사용해도 해결이 안 되는 경우가 많다. 이때 분수 대신 소수를 사용하면 매우 편리하다.

　16세기 이전까지만 해도 나눈 수에 대한 표기는 분수였다. 분수를 3000여 년간 사용한 유럽은 분수를 십진법으로 바꾼 소수 체계를 발견하게 된다.

　1을 2로 나누면 나눗셈의 결과로 $\dfrac{1}{2}$이 된다. 그래서

$\frac{1}{2} = \frac{5}{10}$가 되어 소수로 0.5로 사용한다. 분모에 있는 십진수 10은 소숫점 아래 첫째 자릿수를 나타낸다.

스테빈은 유럽에 십진법을 들여온 첫 수학자이며 이를 토대로 소수의 표기법을 발견했다.

스테빈은 소수 0.365를 3①6②5③로 나타내었다. 이때 3은 $\frac{1}{10}$의 소숫점 첫째 자릿수를, 6은 $\frac{1}{100}$의 소숫점 둘째 자릿수를, 5는 $\frac{1}{1000}$의 소숫점 셋째 자릿수를 각각 나타내었다. 2.714의 경우는 2⓪7①1②4③으로 나타내었다. 자연수와 소수 사이에 ⓪을 표기해 구분한 것이다.

현재 사용하고 있는 0.5216과 같은 소숫점 표기 방식이 자리잡게 된 것은 로그를 발견한 네이피어의 발견 덕분이다.

우리 일상에서 소숫점을 사용하는 일은 매우 흔하다. 식품의 성분표를 표면 거의 대부분 소수로 나타내고 있다. 소수는 수학 분야 발전에 많은 기여를 했을 뿐만 아니라 우리 일상에도 매우 큰 영향을 미치고 있는 것이다.

40

천문학자들의 수명을 늘려준 세기의 발견

로그

a가 0보다 크고 1이 아니며 $a^x = b$인 관계일 때

a를 밑, b 를 진수로 하는 로그 x는 $\log_a b$이다.

네이피어
John Napier, 1550~1617

스코트랜드의 수학자이자 천문학자. 머치스톤의 영주였으며 저서로는
《경이적인 로그법칙의 기술^{Mirifici logarithmorum canonis descriptio}》이 있다. 이
책에 로그를 발표했다. 네이피어는 계산표와 소수표기법에도 중요한 업
적을 남겼으며, 《막대를 이용한 계산법 2편^{Rabdologiæ seu Numerationis per}
^{Virgulas libri duo}》에서 막대를 이용한 계산법을 발표했다.

프랑스의 수학자 라플라스가 천문학자의 수명을 몇 배 더 늘렸다고 칭찬할 정도로 로그의 발견은 수학자와 천문학자에게 천문학적인 계산에서 해방될 수 있는 기회를 주었다. 로그의 발견으로 복잡한 계산이 정확성과 손쉬운 계산이 가능해지게 된 것이다. 따라서 로그는 16세기의 위대한 발견 중 하나로 평가받는다.

네이피어가 처음 발견한 이 위대한 수학적 업적인 로그는 자연로그이다. 로그는 밑과 진수로 이루어져 있는데, 밑이 자연상수 e로 되어 있는 것이 자연로그이다. 네이피어는 20년 동안 이 자연로그를 계산했다.

그리고 로그의 밑이 10인 상용로그는 브리그스가 발견했다. 상용로그는 우리가 10진법을 사용하는 수 체계에서 더 많이 사용하는 로그이다.

로그는 소리의 세기를 나타내는 데시벨(dB)단위의 측정이나 지진의 규모에서 사용하는 리히터 규모, 조작을 알아내는 벤포드의 법칙에서도 사용한다.

41

대수학의 강력한 도구

인수분해

인수분해는 다항식을 '단항식×다항식 또는 다항식×
다항식'의 곱으로 나타낸 것이다.

예 $x^2 + 5x + 6 = (x+2)(x+3)$

해리엇
Thomas Harriot, 1560~1621

영국의 수학자이자 천문학자. 옥스퍼드 대학을 졸업했다. 17세기 대수
학의 기호화와 체계학 발전에 기여했으며, 해석기하학에도 업적을 남겼
다. 〈해석술의 연습Artis analuticae praxis〉은 방정식의 이론에 대해 체계적으
로 정리된 명저로 평가받는다. 부등호 기호 >, <, ≥, ≤의 표기법과
인수분해는 해리엇의 업적 중 하나이다. 목성의 위성을 관찰한 천문학자
로도 유명했으며, 태양의 흑점도 발견했다.

인수분해는 다항식을 다항식과 다항식의 곱이나 다항식끼리의 곱으로 나타낸 것이다. 간단한 인수분해의 예는 $ma+mb=m(a+b)$로 공통인수 m으로 하나 a와 b를 하나로 묶는 것이다.

$(a+b)^2$을 전개하면 $a^2+2ab+b^2$이다. 인수분해는 식의 전개와 반대 개념으로 $a^2+2ab+b^2$을 인수분해하면 $(a+b)^2$이다.

$$a^2+2ab+b^2 \quad \overset{\text{인수분해}}{\underset{\text{식의 전개}}{=}} \quad (a+b)^2$$

인수분해와 식의 전개는 서로 반대이다.

인수분해의 기본이자 중요한 5개의 공식은 다음과 같다.

1　$a^2+2ab+b^2=(a+b)^2$

2　$a^2-2ab+b^2=(a-b)^2$

3　$a^2-b^2=(a+b)(a-b)$

4　$x^2+(a+b)x+ab=(x+a)(x+b)$

5　$acx^2+(ad+bc)x+bd=(ax+b)(cx+d)$

인수분해는 이차방정식 이상의 근을 구하는 데에 많이 사용한다. 합성수를 소인수로 나누는 것이 소인수분해이면 식을 다항식의 곱으로 나누는 것은 인수분해이므로 서로 비슷한 성질을 갖고 있다.

소인수분해와 인수분해는 양자컴퓨터나 암호학에도 사용하는 수학 분야이기도 하다.

42

포탄의 개수를 세다

제곱의 합 수열공식

$$1^2 + 2^2 + 3^2 + \cdots + n^2 = \frac{1}{6}n(n+1)(2n+1)$$

해리엇   Thomas Harriot, 1560~1621(120쪽 참조)

───────────────◇───────────────

영국의 탐험가이자 엘리자베스 여왕 1세의 신하였던 월터 롤리 경$^{Sir\ Walter\ Raleigh,\ 1552~1618}$은 항해 중에 수학자 해리엇에게 일정한 공간에 쌓아놓은 포탄이 모두 몇 개인지를 알 수 있는지 물어보았다.

이에 대한 답을 찾아 연구한 해리엇은 포탄을 위에서부터 아래로 세는 방법으로 제곱수의 합의 법칙을 적용했다. 2층으로 쌓으면 $1^2 + 2^2$으로 5개, 3층으로 쌓으면 $1^2 + 2^2 + 3^2$으로 14개, 4층으로 쌓으면 $1^2 + 2^2 + 3^2 + 4^2$으로 30개가 된다.

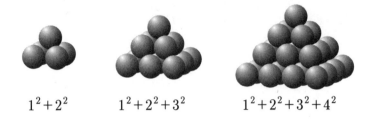

$1^2 + 2^2$ $\qquad 1^2 + 2^2 + 3^2 \qquad\quad 1^2 + 2^2 + 3^2 + 4^2$

층수를 n으로 놓았을 때 공식은 다음과 같다.

$$1^2 + 2^2 + 3^2 + \cdots + n^2 = \frac{1}{6}n(n+1)(2n+1)$$

해리엇은 이 공식을 적용하여 포탄의 개수를 구할 수 있다고 대답했다.

1875년 수학자 뤼카는 포탄 문제에 관심을 갖고 정사각뿔 모양으로 포탄을 쌓아서 1층을 제외하고 다시 정사각형 모양의 배열로 조합할 수 있는지에 대한 추측을 내놓았다.

그리고 1918년 수학자 왓슨^{George Neville Watson, 1886~1965}이 포탄이 24층일 때 가능한 것을 증명했다.

수학자들은 이에 대한 연구를 확대해 24차원의 공간을 단위구로 조밀하게 채우는 '리치 격자'의 연구로 발전시켰다.

43

세상에 알려진 가장 아름다운 비율

황금비 공식

황금비를 구하는 공식은 피보나치 수열의 한 개의 항

을 전항으로 나눈 $\dfrac{F_n}{F_{n-1}}$ 이다.

케플러
Johannes Kepler, 1571~1630,

독일의 수학자이자 천문학자, 점성술사. 케플러의 3가지 법칙과 행성궤도가 타원형인 것을 증명한 것으로 유명하다. 또한 그가 발견한 무한소를 이용한 복잡한 도형의 계산법은 뉴턴과 라이프니츠의 미적분에 많은 영향을 주었다. 힐베르트의 23가지 문제 중 하나였던 케플러의 추측은 포환을 쌓아올리는 최적의 방법에 관한 것으로, 400여 년 동안 수많은 수학자가 증명에 도전했지만 21세기가 되어서야 컴퓨터로 증명할 수 있었다.

13세기에 피보나치가 발견한 피보나치 수열은 1, 1, 2, 3, 5, 8, 13, …으로 순서대로 항을 두 개 더하면 다음의 항의 숫자가 나오는 수열이다. 그리고 각 항의 값을 전항의 값으로 나누면 $\frac{1}{1}, \frac{2}{1}, \frac{3}{2}, \frac{5}{3}, \frac{8}{5}$, …로, 계산하면 1.618에 가까운 수가 되는데 이것이 황금비의 값이다. 황금비는 $\frac{1+\sqrt{5}}{2}$로 나타내기도 한다.

피보나치 수열이 황금비를 이루는 것을 처음 발견한 수학자는 제이콥[Simon Jacob, 1510~1564]이며, 케플러가 재발견하고 공식을 점화식으로 설정했다.

황금비를 이상적인 비율로 생각한 학자들은 이를 현실에서 구현하기 위해 애를 썼다. 대표적인 예가 파르테논 신전의 건축과 앵무조개의 나선, 레오나르도 다빈치의 비트루비우스, 밀로의 비너스의 인체 등이 있다. 하지만 이는 정확한 황금비가 아님이 밝혀졌다.

현재 우리 일상에서 발견할 수 있는 황금비로는 신용카드, 명함, 스마트폰, TV, PC 모니터, 피아노 건반 등이 있지만 모든 제품이 황금비를 따르는 것은 아니다.

우리나라 삼국시대의 국보
제83호인 금동미륵보살반가
사유상도 황금비를 이루고
있다고 한다.

기호로 좀 더 쉽게 수학을 만나다

문자식의 곱셈과 나눗셈 기호 표기

대수학에서

1 문자끼리 곱할 때는 곱하기 기호를 생략한다.

$a \times x = ax$

2 문자식끼리 나눗셈을 하여 유리식 형태로 나타낸다.

$$(ax+b) \div (cx+d) = \frac{ax+b}{cx+d}$$

3 지수끼리 여러 번 곱하면 거듭제곱으로 나타낸다.

$$\underbrace{a \times \cdots \times a}_{n \text{개}} = a^n$$

데카르트
René Descartes, 1596~1650

프랑스의 수학자이자 철학자, 물리학자. 해석기하학의 창시자이며, 그의 저서 《방법서설》에 나오는 '나는 생각한다. 고로 존재한다'는 세계적으로 알려진 명언이다. 데카르트는 수학과 과학은 상호 병행하여 발전해야 한다고 주장했다. 정수론과 대수방정식의 근의 존재관계에 관한 계수의 부호 등 수학 분야에 남긴 업적도 크지만 물리학과 광학, 기상학에도 많은 업적을 남겼다.

◇

데카르트는 좌표평면을 창안하여 대수학을 기하학으로 나타낸 위대한 수학자이다. 방정식을 함수의 그래프로 나타내어 시각화시킴으로써 수학 문제 해결과 분석에 많은 도움을 준 것이다. 또한 그는 현대 수학에서 사용하는 대부분의 표기법을 체계적으로 정하여 수식을 간편하게 나타낼 수 있도록 했다.

문자끼리 곱하면 곱하기를 생략하여 방정식이나 함수에서 여러 번 곱하기를 하는 번거로움을 줄였으며, 나눗셈의 기호도 생략하여 복잡한 유리식에 대해서도 간단히 나타낼 수 있게 하는 방법도 그의 업적이다.

지수를 여러 번 곱하는 것도 간단하게 바꾼 것이 데카르트이다. 예를 들어 a를 10번 곱하면 a^{10}으로 간단하게 나타내게 되었으며 지수가 1인 경우 a^1이 아닌 a로 1을 생략한 것도 데카르트가 정립했다. 물론 당시 데카르트가 창안한 문자식 기호가 지금과 똑같은 것은 아니지만 그의 제안으로 지금과 같은 형태가 될 수 있었다.

따라서 현대 대수학은 데카르트의 업적이 없었다면 지금과 같은 간단한 표기 대신 복잡한 수식으로 나타내는 번거로움이 여전히 존재할지도 모른다.

45 두 점의 거리 공식

두 점 $A(x_1, y_1)$과 $B(x_2, y_2)$까지의 거리 공식

$$\sqrt{(x_2 - x_1)^2 + (y_2 - y_1)^2}$$

데카르트   René Descartes, 1596~1650(129쪽 참조)

'유유상종^{類類相從}'이라는 자주 쓰는 사자성어가 있다. 성향이 비슷한 사람끼리 모인다는 의미이다. 이를 이용해 두 점사이의 거리를 구할 때를 이해해보면 좋을 것 같다.

다음을 보자.

$A(x_1, y_1)$, $B(x_2, y_2)$로 하면 x좌표끼리 y좌표끼리 차를 제곱한 후 더한 다음 제곱근을 씌우면 계산할 수 있다.

즉 (두 점 사이의 거리)$=\sqrt{(x좌표끼리의\ 차)^2+(y좌표끼리의\ 차)^2}$ 를 수학 공식으로 $\sqrt{(x_2-x_1)^2+(y_2-y_1)^2}$ 으로 나타내 구하는 것이다. 증명은 피타고라스의 정리로 간단히 할 수 있다.

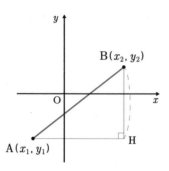

$\overline{\mathrm{AB}}=\sqrt{\overline{\mathrm{AH}^2}+\overline{\mathrm{BH}^2}}=\sqrt{(x_2-x_1)^2+(y_2-y_1)^2}$ 으로 구할 수 있다.

이를 통해 피타고라스의 정리와 마찬가지로 빗변의 길이가 바로 두 점의 거리로 서로 같다는 것을 알 수 있다.

이 공식은 공간좌표에서는 세 점 x, y, z좌표끼리 차를 제곱하여 더한 후 제곱근을 씌우면 구할 수 있도록 유도한다. 기하해석학의 발달에 시작을 알린 공식이다.

46	인공위성의 공전을 돕는 기초 공식
	원의 방정식

원의 중심 (a, b)를 지나는 원의 방정식은

$$(x-a)^2 + (y-b)^2 = r^2$$

데카르트 René Descartes, 1596~1650(129쪽 참조)

⸻

원을 컴퍼스로 그린 경험은 누구나 있을 것이다. 원은 한 점에서 일정한 거리인 반지름을 중심으로 한 곡선이다. 그래서 원의 방정식은 반지름의 길이를 정하고 컴퍼스로 원을 그린 후 문제해결을 할 수 있는 방정식이다.

원의 방정식은 원점을 기준으로 반지름이 r인 원을 나타내면 $x^2 + y^2 = r^2$으로 대수적 표현이 된다. 그리고 원은 중심이

x축으로 a만큼, y축으로 b만큼 이동하면 $(x-a)^2+(y-b)^2 = r^2$이 된다.

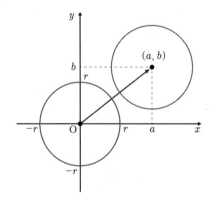

원의 방정식 $x^2+y^2=r^2$과 $(x-a)^2+(y-b)^2=r^2$

x좌표와 y좌표만 이동했으므로 반지름과 원의 크기는 변하지 않는다.

원의 방정식은 인공위성의 공전 궤도의 예측에 활용한다.

지구를 원의 중심으로, 인공위성과의 거리를 반지름으로 하는 원의 방정식으로 인공위성의 공전 궤도를 예측할 수 있다. 또한 지진의 진원지를 알아내는 데에도 활용된다. 지진을 비롯한 자연 재해와 대륙지각의 변화가 큰 현대사회에서는 이 공식이 매우 중요하다.

47

다항식의 인수를 찾는 공식
인수정리

다항식 $f(x)$가 $(x-a)$로 나누어떨어지기 위한 필요
충분조건은 $f(a)=0$이다.

데카르트 René Descartes, 1596~1650(129쪽 참조)

◇

숫자끼리의 나눗셈은 시간이 걸리더라도 여러분에게 낯설
지 않을 것이다. 그러나 다항식과 단항식의 나눗셈은 좀 어려
운 편이다.

그런데 일차식으로 직접 나누지 않고도 인수인지 알 수 있
는 방법이 있다. 인수정리를 이용해 인수분해를 하는 방법
이다.

차수가 높은 다항식의 인수분해 방법은 치환과 내림차순,

조립제법과 인수정리의 4가지 방법을 주로 사용한다.

예를 들어 다항식 $f(x) = x^3 + 8x^2 + 5x - 14$를 풀어보자.

바로 인수분해가 어려우니 우선 상수항인 -14를 먼저 살펴본다.

14의 약수는 1, 2, 7, 14이며 약수 앞에 음의 부호를 붙여서 $-1, -2, -7, -14$를 나열한다.

다항식에 1을 대입하면 $f(1) = 1^3 + 8 \times 1^2 + 5 \times 1 - 14 = 0$ 이다. 따라서 $f(1) = 0$이므로 $(x-1)$은 다항식의 인수가 된다. $f(-2)$와 $f(-7)$도 0을 만족시키므로 $f(x)$는 $(x-1)(x+2)(x+7)$로 인수분해가 된다는 것을 알 수 있다.

인수정리는 대수학에 많이 사용한다.

48

수학자들을 유혹한 악마의 정리

페르마의 마지막 정리

n이 2보다 큰 자연수일 때 $x^n + y^n = z^n$을 만족시키는 정수해 x, y, z는 없다.

페르마
Pierre de Fermat, 1601~1665

프랑스의 변호사이자 아마추어 수학자. 특히 정수론, 미적분학과 해석기하학 분야를 연구했다. 로켓을 포함한 우주공학의 발전에도 기여했으며, 파스칼과 함께 확률이론에도 영향을 주어 금융업과 보험업, 기상학 발전에도 발자취를 남겼다.

$x^n + y^n = z^n$에서 n이 1일 때는 $x + y = z$를 결정하는 세 변수가 무한히 많다. 변수에 숫자를 임의로 대입하면 $2 + 3 = 5$, $4 + 9 = 13$, …으로 등식이 성립하는 것이다.

n이 2이면 피타고라스의 정리에 관한 등식이 되어 $x = 3$, $y = 4$, $z = 5$ 또는 $x = 5$, $y = 12$, $z = 13$, … 등 여러 정수해가 성립된다. 그렇다면 "n이 3 이상일 때도 가능할까?"

수학자들은 이 문제가 궁금했다.

결론적으로 수학자 페르마는 만족하는 정수해는 없다고 역설했다.

페르마의 마지막 정리의 수식은 이미 디오판토스의 《산법》에 수록된 내용이다. 그러나 그것에 대한 증명은 없었다. 그런데 수학에서는 증명만큼 중요한 것이 없다. 그리고 페르마는 이를 증명했다고 선언한 것이다.

페르마는 디오판토스의 《산법》 책 여백에 다음과 같이 남겼다.

"나는 진정으로 위대한 증명을 발견했다. 그러나 증명 과정을 쓰기에 여백이 너무 좁아서 적을 수 없다."

그리고 페르마는 자신이 이를 증명했다고 다른 수학자들에게 편지로 알렸다. 이에 자극 받은 많은 수학자들이 도전했지만 실패했다. 그런데 실패가 무조건 실패는 아니었다. 그 과정에서 암호학에 사용하는 타원곡선과 허수 i가 발견되기도 하는 등 수학계의 발전을 불러왔기 때문이다.

결론만 이야기한다면 페르마의 마지막 정리는 증명되었다. 350년이라는 오랜 세월이 지나고 1993년 프린스턴 대학 교수였던 앤드류 와일즈가 페르마의 마지막 정리를 증명하기 위해 19세기와 20세기의 수학 기법과 타원곡선을 이용해 성공했다. 그는 무려 7년여 동안의 연구 끝에 증명해냈지만 검증 과정에서 오류가 발견되어 다시 수정하는 데에는 2년이 걸렸다.

하지만 수학자들은 페르마의 마지막 정리에 이용된 증명법이 페르마가 살던 시대에는 발견되지 않았기 때문에 여전히 페르마가 마지막 정리를 과연 증명했을까 의심하거나 페르마의 증명법을 찾고 있다.

페르마의 마지막 정리는 정수론의 발전에 매우 큰 영향을 주었다.

49 페르마 소수

음이 아닌 정수 n에 대해

페르마 소수 $F_n = 2^{2^n} + 1$

페르마   Pierre de Fermat, 1601~1665(138쪽 참조)

◇

정수론에 매우 관심이 많았던 페르마에게 소수는 흥미진진한 분야였다. 이런 페르마의 소수 사랑에 의해 만들어진 공식이 바로 $2^{2^n} + 1$이었다.

당시에는 계산기가 없었기에 페르마는 n을 0부터 시작하여 계속 대입해가며 소수를 확인해야만 했다. 이에 따라 n에 0, 1, 2, 3, 4를 대입하면 3, 5, 17, 257, 65537이며 모두 소수이다. 따라서 페르마 소수는 소수를 생성하는 훌륭한 공식인 듯했다.

그런데 n에 5를 대입하면 4,294,967,297로 합성수가 된다. 641×6700417로 소인수분해되기 때문이다. 이 사실은 제라 콜번[Zerah Colburn, 1804~1839]이 입증했다.

그 후로도 많은 수학자들이 n에 6이상의 수를 대입하여 소수를 생성하는지 증명에 매달렸으나 아직까지 찾아내지 못했다.

따라서 페르마 소수로 알려진 수는 3, 5, 17, 257, 65537로 5개뿐이다.

자와 컴퍼스를 이용한 정다각형의 작도는 페르마 소수에 따라 가능하다. 3번째 페르마 소수인 17은 가우스가 1796년에 정17각형을 작도한 것으로 도 유명한 숫자이다.

정 17각형

그리고 1832년에 4번째 페르마 소수인 257각형의 작도에 성공했으며 1894년에는 수학자 헤르메스[Johann Gustav Hermes, 1846~1912]가 65537각형의 작도를 증명했다. 헤르메스의 증명에는 200페이지의 원고가 할애되었다.

50 순환소수 표기법

무한한 순환소수를 간단하게 표기하는 법칙

순환소수를 나타낼 때는 순환마디 위에 점을 표시
한다.

$$\frac{1}{3} = 0.33333\cdots = 0.\dot{3}$$

존 월리스
John Wallis, 1616~1703

영국의 성직자이자 수학자. 옥스퍼드 대학에서 기하학 새빌리아 교수직
을 맡았다. 무한대의 기호인 ∞를 도입했으며, 삼각법, 미적분학, 기하
학급수, 무한급수, 연분수 분야에 업적을 남겼다.

순환소수는 $\frac{1}{3}$이나 $\frac{2}{7}$처럼 소숫점 아래 숫자가 반복되는 소수를 말한다. $\frac{1}{3}=0.33333\cdots$으로 3이 무한히 반복되어 순환마디는 1개뿐이다. 따라서 $\frac{1}{3}=0.\dot{3}$이다. 순환마디 위에 점을 찍는 것이다.

$\frac{2}{7}=0.285714285714285714285714\cdots$의 경우 순환마디가 285714로 6개이다. 순환마디가 3개 이상일 때는 순환마디의 첫 부분과 마지막 부분의 숫자에만 점을 표시한다. 즉 $\frac{2}{7}=0.\dot{2}8571\dot{4}$이다.

순환소수는 무한히 반복되는 무한소수이며, $\frac{1}{2}$ 또는 $\frac{3}{20}$처럼 소숫점 아래 숫자가 유한개가 되는 소수를 유한소수라 한다. $\frac{1}{2}$은 0.5, $\frac{3}{20}$은 0.15이므로 유한소수이다.

그렇다면 유한소수와 무한소수를 직접 나누어서 확인하는 방법 외에는 순환소수를 확인할 수 있는 방법이 없을까? 만약 있다면 어떤 방법으로 구분을 할 수 있을까?

매우 쉬운 방법이 있다.

약분을 해서 분모의 소인수가 2 또는 5이면 순환소수이다. $\frac{3}{8}$은 $\frac{3}{2^3}$로 바꿀 수 있으며 이 경우 분모 2가 소인수이므로 유한소수이다. $\frac{2}{25}$는 $\frac{2}{5^2}$이므로 역시 유한소수이다. $\frac{142}{200}$는 약분을 해서 분모의 소인수를 보면 $\frac{71}{2^2 \times 5^2}$이므로 유한소수이다.

약분 후 소인수분해를 했는데 분모에 2 또는 5가 아닌 숫자가 있으면 무한소수이다.

51

확률론의 필수 공식

조합

n개의 물건 중에서 r개를 선택하는 경우의 수

구하는 공식 $\quad {}_nC_r = \dfrac{{}_nP_r}{{}_rP_r} = \dfrac{n!}{r!(n-r)!}$

파스칼
Blaise Pascal, 1623~1662

프랑스의 수학자이자 물리학자, 철학자. 16세에 계산기를 발명했으며, 확률론과 정수론에 업적을 남겼다. 또한 기하학 분야에도 공헌했으며 저서로는 《원뿔곡선론Essai pour les coniques》이 있다. 역학 이론 분야에서도 그의 업적을 확인할 수 있으며 기독교의 교리를 증명하려는 노력이 집대성된 《명상론》을 출간하기도 했다. 그는 종교적 삶이야말로 영원한 행복의 길이라는 주장을 펼치기도 했다.

빨강, 파랑, 노랑의 3가지 색 사탕이 있다. 진수가 사탕을 순서대로 2개 고른다면 (빨강, 파랑), (빨강, 노랑), (파랑, 빨강), (파랑, 노랑), (노랑, 빨강), (노랑, 파랑)으로 고를 수 있다. 그런데 (빨강, 파랑)과 (파랑, 빨강)은 사탕을 고른 순서를 생각하지 않으면 같은 것으로 간주된다. 이럴 때 6가지의 경우의 수를 2로 나누어야 한다.

이 점까지 고려한 후 3개 중에서 순서를 고려하지 않고 선택하는 방법을 조합이라 한다. 이는 $_3C_2$로 나타내며 공식을 적용하여 계산하면 $_3C_2 = \frac{_3P_2}{_2P_2} = \frac{3 \times 2 \times 1}{2 \times 1} = 3$(가지)이다.

만약 우리가 10명 중에서 3명의 대표를 선출하는 경우의 수를 일일이 나열하려면 무척 오랜 시간이 걸리게 된다. 그런데 경우의 수를 조합으로 계산하면 $_{10}C_3 = \frac{_{10}P_3}{_3P_3} = \frac{10 \times 9 \times 8}{3 \times 2 \times 1} = 120$(가지)로 바로 결과가 나온다.

조합은 확률론의 기본공식이면서도 널리 사용하는 공식으로 확률론의 발전과 이항정리의 공식을 발견하는데도 기여했다. 이처럼 확률론에 조합은 필수 공식이다.

52

확률론에 유용한 위대한 공식

이항정리

$$(a+b)^n = \sum_{r=0}^{n} {}_n\mathrm{C}_r a^r b^{n-r}$$

뉴턴
Isaac Newton, 1643~1727

물리학자이자 수학자. 수학 분야에 남긴 그의 업적 중 최고로 꼽히는 것은 미적분학의 발견과 무한급수 이론이다. 해석기하학에도 공헌했으며, 중력의 법칙, 화학, 연금술, 신학도 연구했다. 그의 주요 논문으로는 〈프린키피아Principia: 자연철학의 수학적 원리(1687)〉, 〈광학Opticks(1704)〉, 〈보편산수Arithmetica universlis(1707)〉 등이 있다.

이항정리는 두 항의 합의 식 $x+y$를 제곱, 3제곱, 4제곱, …할 때 전개식의 변화를 n제곱의 형태로 정리한 공식이다. 이는 독립시행의 확률과 이항분포에 등장하는 확률론에서 사용하는 공식이다.

월리스의 보간법을 발전시킨 이항정리의 발견은 당시 영국에 유행하던 전염병을 피해 고향으로 돌아온 뉴턴이 연구에 몰두해 발표했던 많은 업적 중 하나로, 미적분학과 동시에 만들게 된 공식이다.

뉴턴은 제한 조건에만 만족하는 추측을 공식으로 일반화하는데 오일러만큼 상당한 업적을 남기기도 했는데 그중 하나가 바로 이항정리다.

다음의 수식 중 왼쪽은 $(a+b)^n$의 n을 0부터 5까지 대입하여 전개한 것이다. 오른쪽은 파스칼의 삼각형을 나타낸 것이다.

$$(a+b)^0 = 1$$ → 1

$$(a+b)^1 = a+b$$ → 1 1

$$(a+b)^2 = a^2 + 2ab + b^2$$ → 1 2 1

$$(a+b)^3 = a^3 + 3a^2b + 3ab^2 + b^3$$ → 1 3 3 1

$$(a+b)^4 = a^4 + 4a^3b + 6a^2b^2 + 4ab^3 + b^4$$ → 1 4 6 4 1

$$(a+b)^5 = a^5 + 5a^4b + 10a^3b^2 + 10a^2b^3 + 5ab^4 + b^5$$ → 1 5 10 10 5 1

⋮ ⋮

전개식의 계수가 파스칼의 삼각형을 이룬다.

　이항정리를 하면 전개식의 계수가 파스칼의 삼각형을 이루는 것을 알 수 있다. $(a+b)^6$을 직접 전개하지 않고서도 파스칼의 삼각형으로 더하면 $1, 6, 15, 20, 15, 6, 1$이 되는데 직접 전개하면 $a^6 + 6a^5b + 15a^4b^2 + 20a^3b^3 + 15a^2b^4 + 6ab^5 + b^6$이 되므로 계수가 순서대로인 것을 확인할 수 있다.

53 이진법

컴퓨터는 0과 1로 말한다

0과 1 두 개의 숫자만을 이용한 숫자 체계로 컴퓨터 언어이기도 하다.

라이프니츠
Gottfried Wilhelm Leibniz, 1646~1716

독일의 법학자, 신학자, 철학자, 수학자. 뉴턴과 동시기에 미적분을 발견했다. 적분 계산의 인티그럴 $\int$ 의 수학기호를 고안하고 이진법을 처음으로 제안한 학자이며 모나드라는 개념을 사용한 낙관적 세계관으로 많은 논쟁을 불러일으켰다. 데카르트의 철학을 지지했고 해석학과 동역학에도 많은 공헌을 했다. 베를린과 드레스덴, 비엔나, 상트페테르부르크 등에서 아카데미 설립 운동을 펼치고, 영국왕립학회 회원이었으며 궁정고문과 도서관리자로도 일했다.

우리가 일상생활에서 사용하는 것은 십진법이다. 십진법은 10배마다 자릿수가 하나씩 늘어나는 성질을 갖고 있다.

열 개의 손가락을 사용해 셈을 하는 십진법의 기록은 고대 이집트에서 찾아볼 수 있다. 하지만 6세기~8세기에 인도인과 아랍인에 의해 체계가 갖추어지기 시작해 인도-아라비아 숫자로 세상에 전파되었다.

그렇다면 이진법은 어디에서 사용하고 있을까? 의외로 아주 가깝다. 바로 컴퓨터가 사용하는 것이 이진법이다. 컴퓨터는 0과 1만을 사용해 일하고 있는 것이다.

이진법의 역사는 고대 중국에서 찾아볼 수 있다. 중국은 음양陰陽을 이진법으로 나타냈다. 하지만 지금과 같은 이진법의 학문적 활용은 독일의 라이프니츠 이후로 보고 있다.

십진법을 이진법으로 나타내는 방법은 다음과 같다. 십진수 27을 이진수로 나타내보자.

27을 2로 계속 나누면서 나머지를 점선 오른쪽에 나타내고, 아래서부터 숫자를 읽는다. 따라서 나머지는 0 또는 1이며 이를 이진수로 나타내면 $11011_{(2)}$ 이다.

```
2 | 27  …… 1
2 | 13  …… 1
2 |  6  …… 0
2 |  3  …… 1
  →  1
```

이진법은 영국의 수학자 불[George Boole, 1815~1864]이 창안한 불 대수라는 연산을 통해 논리적 명제를 이진수로 나타내고 연산하는 것이 가능해졌다. 그리고 현재 우리가 살고 있는 세상과 세상의 모든 정보를 이진수로 저장하는 것이 가능하다.

54 행렬식

행렬 $A = \begin{pmatrix} a & b \\ c & d \end{pmatrix}$ 의 행렬식 $\det(A) = ad - bc$

라이프니츠 Gottfried Wilhelm Leibniz, 1646~1716(151쪽 참조)

◇

행렬식은 원래 도형의 넓이와 부피를 구하기 위해 고안된 공식이다. 연립방정식의 해를 구하는 해의 조건을 찾기 위해 만들어진 공식이기도 하다.

라이프니츠가 행렬식을 만들었을 때 행렬의 정확한 표기법은 없었다. 그러니까 행렬식이 행렬보다 먼저 탄생한 것이다.

행렬식에서 2×2의 정사각행렬은 원소를 서로 곱하여 빼서 구하면 되기 때문에 계산이 어렵지 않다.

예를 들어 대각선으로 마주한 두 원소의 곱을 빼면 된다.
$A = \begin{pmatrix} 3 & 2 \\ 1 & 5 \end{pmatrix}$ 일 때 $\det(A) = 3 \times 5 - 2 \times 1 = 13$이다.

3×3 정사각행렬은 사루스의 법칙이라는, 원소를 대각선 방향으로 곱한 후 더하고 빼는 '신발끈 모양'으로 교차하는 계산방법도 있다.

행렬식은 유명한 가우스 소거법, 크래머의 공식과 케일리-헤밀턴 공식에도 적용되며 라플라스 전개$^{\text{Laplace expansion}}$, 아다마르의 부등식$^{\text{Hadamard's inequality}}$으로 확장되었다.

55 곱의 미분법

두 식의 곱을 미분하는 공식.

$$\{f(x)g(x)\}' = f'(x)g(x) + f(x)g'(x)$$

라이프니츠 Gottfried Wilhelm Leibniz, 1646~1716(151쪽 참조)

───────────◇───────────

미분법의 공식 중에 '형님 먼저 아우 먼저'라는 재밌는 공식이 있다. 두 개의 식을 곱한 것을 미분할 때 서로 곱한 채로 앞을 먼저 미분한 것과 뒤를 미분한 것을 더하는 방법으로 하기 때문이다. 그래서 $\{f(x)g(x)\}' = f'(x)g(x) + f(x)g'(x)$ 으로 나타낸다.

예를 들면 $2x$와 $3x+1$의 곱을 미분해보자.

$2x$를 형님, $3x+1$을 아우로 생각하면 $\{2x(3x+1)\}'$

$= (2x)'(3x+1) + 2x(3x+1)'$로 계산되어 $12x+2$이다.

곱의 미분법은 라이프니츠가 만든 미분법 공식 중 하나로 '라이프니츠 정리$^{\text{Leibniz Rule}}$'로도 알려져 있다.

라이프니츠는 미적분의 기호인 인티그럴^{integral} $\int$과 미분소 기호인 dx와 dy 등을 창안했다.

그는 뉴턴과 동시대에 미적분을 발견했는데 학회에 먼저 미적분을 발표해 뉴턴과 누가 먼저냐의 문제로 다투었다. 그런데 라이프니츠의 미적분의 기호체계가 더 쉽게 활용가능해 현재 그의 미적분을 이용하고 있다. 하지만 두 천재의 연구방향은 미적분학의 기본확립과 발전에 큰 도화선이 되었기에 모두 중요하다.

56 롤의 정리

과속을 단속해드립니다

함수 $y = f(x)$가 닫힌 구간 $[a, b]$에서 연속이고,

열린구간 (a, b)에서 미분이 가능할 때,

$f(a) = f(b)$이면, $f'(c) = 0 (a < c < b)$로 되는 c가

적어도 1개가 존재한다.

롤
Michel Rolle, 1652~1719

프랑스의 수학자. 기하학과 대수학을 연구했으며 저서 《대수학 논문 Traité d'algèbre》에서 현대의 n번째 제곱근 표기법인 $\sqrt[n]{x}$를 소개했다. 또한 유명한 롤의 정리도 증명했다. 디오판토스의 미해결 문제를 해결하면서 르부아 공작의 후원으로 초등학교 수학 교사로 일했다. 프랑스 육군성의 행정직을 맡기도 했다.

바스카라 2세는 12세기에 달과 행성의 운동을 관측하다가 지구에서 가장 가까울 때와 멀 때의 중간 지점에 평균운동속도와 같은 지점이 있다는 이론을 내세웠다. 그러나 당시는 미적분의 정확한 공식이나 표기법이 없던 시기여서 현대의 표기에 맞게 정립한 최초의 수학자는 롤이었다. 17세기에 이르러서야 '롤의 정리'로 공식이 등장한 것이다.

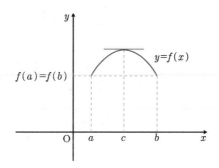

이 공식은 연속된 함수가 구간 안에 있을 때 미분하면 0이 되는 위치가 최소한 1개는 있다는 공식이다. 즉 구간의 2가지 조건을 만족하면 롤의 정리는 성립하는 것이다.

다만 주의할 점은 연속일 때는 두 구간 a, b를 닫힌구간으로, 미분가능을 확인할 때는 열린구간으로 두어야 한다는 것이다.

그 뒤 코시가 '평균값의 정리'로 롤의 정리를 일반화하여 증명했다.

현재 롤의 정리는 로피탈의 정리를 증명할 때 보조정리로 사용한다. 그리고 실생활에서는 평균값의 정리를 이용해 도로 위 과속 단속 시스템에 적용하고 있다.

보험사의 보험 산정을 위한 기반 공식

큰 수의 법칙

$$\lim_{n \to \infty} P\left(\left| \frac{X}{n} - p \right| < h \right) = 1$$

시행횟수가 많으면 그 확률에 근접한다.

자코프 베르누이
Jakob Bernoulli, 1654~1705

스위스의 수학자. 등시 곡선, 등주 곡선, 조합론, 확률론 변분법, 추측술 분야에 많은 업적을 남겼다. 바젤 대학의 수학교수이자 그로닝겐 대학의 수학교수이기도 했다. 라이프니츠와 서신으로 수학에 대한 의견을 자주 주고받았는데 그중에는 미적분에 대한 것도 있었다.

큰 수의 법칙은 시행횟수가 많을수록 우리가 이미 알고 있는 이론적인 확률에 근접하는 것을 뜻한다.

확률에서 가장 많이 예를 드는 것은 동전과 주사위이다.

동전은 앞면과 뒷면으로 이루어져 있기 때문에 앞면이 나올 확률이 $\frac{1}{2}$, 뒷면이 나올 확률이 $\frac{1}{2}$이다.

그런데 3번 정도 동전을 던지면 과연 이 확률을 믿을 수 있을까?

당연히 아니다. 그래서 큰 수의 법칙은 시행횟수를 여러 번 하면 우리가 알고 있는 확률에 가까워진다는 것을 증명하는 것이다.

이를 확인하기 위해 여러분이 100번, 1000번, 10000번, … 계속 동전을 던져보면 앞면이 나올 확률이 $\frac{1}{2}$, 뒷면이 나올 확률이 $\frac{1}{2}$인 것에 근접하는 것을 알게 된다.

주사위의 경우도 같다. 주사위도 굴리는 시행횟수가 많을수록 6개의 눈이 각각 $\frac{1}{6}$의 확률에 가까워지는 것이다.

수학에서는 동전과 주사위의 예를 든 확률을 안전적 확률(고정적 확률)이라는 말로 표현하기도 한다. 인간의 평균수명이나 보험료 산정의 기초 수치의 하나인 보험사고의 발생률도 큰 수의 법칙의 사례가 된다.

58 독립시행의 확률

$$_n\mathrm{C}_r p^r q^{n-r}$$

자코프 베르누이 Jakob Bernoulli, 1654~1705(161쪽 참조)

◇

독립시행의 확률은 '도박사의 오류'를 떠올리면 된다.

도박사의 오류는 지난번의 시행 확률이 이번에는 영향을 줄 것으로 착각하는 것이다.

"지난번에 복권을 10장 구입했는데 전부 꽝이었으니 이번에는 당첨이 되겠지?"

우리는 복권을 사면서 이런 생각을 자주 한다. 1년 동안 꾸준히 복권을 구입한다면 그중 한번은 당첨될 거란 생각을 하는 것이다. 하지만 사실 당첨확률은 지난번이나 이번이나 똑

같이 일정하다.

독립시행의 확률은 조합 $_nC_r$과 $p^r q^{n-r}$의 곱으로 이루어진 공식이다.

p는 성공확률, q는 실패확률이다. 이 두 가지를 적용하면 독립시행의 확률은 성공확률과 실패확률을 동시에 고려한 것으로 이해가 될 것이다.

예를 들어 동전을 3번 던졌을 때 앞면이 2번 나올 경우를 생각해보자. 조합공식은 순서에 대한 경우의 수이다. 따라서 조합 공식에 n을 3으로 r을 2로 대입한다.

그리고 p는 $\frac{1}{2}$, q는 $1-p$로 $\left(1-\frac{1}{2}\right)=\frac{1}{2}$이다.

따라서 독립시행의 확률은 $_3C_2\left(\frac{1}{2}\right)^2\left(\frac{1}{2}\right)^1$로 계산하면 $\frac{3}{8}$이다.

그렇다면 독립시행의 확률을 이해하는 사람은 복권을 살까? 확률을 보고 사지 않을까?

지능검사부터 인구 통계까지
세상의 현상을 보여주는 공식
정규분포의 확률밀도함수

$$f(x) = \frac{1}{\sqrt{2\pi}\,\sigma}\,e^{-\frac{(x-\mu)^2}{2\sigma^2}} \quad (-\infty < x < \infty)$$

드무아브르
Abraham de Moivre, 1667~1754

프랑스 출신의 영국 수학자. 위그노 교도였기 때문에 1685년 낭트칙령
이 폐지됨에 따라 영국으로 건너가 런던에서 가정교사로 일했다. 삼각
법으로 유명하며 '드무아브르의 공식'과 '정규분포곡선'이 유명하다. 특
히 확률론에서는 보험 통계수학 분야에 중요한 업적을 남겼다.《우연설
The Doctrine of Chances》,《해석기요 Miscellanea analytica》,《수명에 따른 연금
Annuities upon Lives》 등의 저서가 있다.

1733년 드무아브르는 정규분포를 최초로 제안했다. 주사위 던지기와 같은 확률 실험을 여러 번 하면서 다항식 분포의 근삿값을 연구하다가 수학적 완성을 이룬 정규분포를 발견한 것이다.

정규분포는 데이터가 평균에 얼마나 떨어져 있는지 알 수 있는 분포로, 종 모양의 곡선 형태와 좌우대칭의 모양을 갖추었다. 그리고 대부분의 데이터가 평균에 집중되게 모인 연속 확률분포였다.

정규분포는 또한 오차의 법칙을 체계적으로 설명할 수 있도록 했다. 그래서 지능검사, 보험통계, 인구통계 등 여  러 실험 데이터를 분석할 때 광범위하게 사용한다.

가우스와 라플라스도 정규분포를 연구한 수학자들이다.

정규분포의 모양과 위치는 평균과 표준편차만으로도 충분히 그릴 수 있다. 확률밀도함수가 정규분포를 따르면 하나의 함수식을 갖는데 $f(x) = \dfrac{1}{\sqrt{2\pi}\,\sigma} e^{-\frac{(x-\mu)^2}{2\sigma^2}}$ 이다.

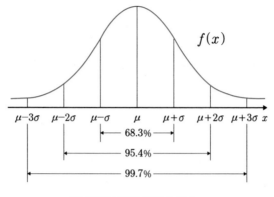

정규분포의 확률밀도함수 $f(x)$

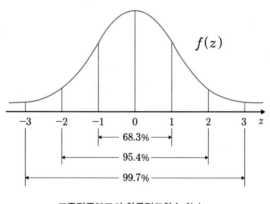

표준정규분포의 확률밀도함수 $f(z)$

확률밀도함수 $f(x)$는 x축을 점근선으로 한다. 점근선과 확률밀도함수로 둘러싸인 넓이의 합은 1이다.

한편 여러 정규분포를 비교하기 위해서는 정규분포만으로는 한계가 있어서 표준정규분포로 바꾼다. 표준정규분포는 평균을 0으로, 표준편차를 1로 설정한다.

정규분포를 표준정규분포로 바꾸기 위해서는 z는 $\dfrac{x-\mu}{\sigma}$로 계산하며 확률밀도함수는 $f(z) = \dfrac{1}{\sqrt{2\pi}}e^{-\frac{1}{2}z^2}$이다.

<table>
<tr><td>60</td><td>복소기하학의 발전을 이끈 위대한 공식
드무아브르의 정리</td></tr>
</table>

복소수를 극형식으로 나타내었을 때 다음 공식이 성

립한다.

$$(\cos\theta + i\sin\theta)^n = \cos n\theta + i\sin n\theta$$

드무아브르　Abraham de Moivre, 1667~1754(166쪽 참조)

───────────◇───────────

　드무아브르의 정리는 복소수와 삼각함수와의 관계를 보여
주는 드무아브르의 유명한 공식이다.

　$\left(1+\sqrt{3}\right)^{60}$ 을 풀어 확인해보자.

$$\left(1+\sqrt{3}\,i\right)^{60} = \left\{2\left(\frac{1}{2} + \frac{\sqrt{3}}{2}\,i\right)\right\}^{60}$$

$\frac{1}{2}$ 을 $\cos\frac{\pi}{3}$ 로, $\frac{\sqrt{3}}{2}$ 을 $\sin\frac{\pi}{3}$ 로 나타내면

$$= \left\{2\left(\cos\frac{\pi}{3} + i\sin\frac{\pi}{3}\right)\right\}^{60}$$

드무아브르의 정리를 적용하면

$$= 2^{60}\left(\cos\frac{60\pi}{3} + i\sin\frac{60\pi}{3}\right)$$

$$= 2^{60}\left(\cos 20\pi + i\sin 20\pi\right)$$

$\cos 20\pi = 1$, $\sin 20\pi = 0$ 이므로

$$= 2^{60}$$

드무아브르의 정리는 오일러 항등식이 탄생하게 된 계기가 되었다. 또한 여러 현대 과학에 적용되는 복소기하학의 발전에 이바지했다.

61

삼각함수의 미적분 공식을 편리하게 나타내다

호도법 공식

$$180° = \pi(\text{라디안})$$

코츠
Roger Cotes, 1682-1716

영국의 수학자이자 천문학자. 영국 케임브리지 대학의 천문학 교수이며 적분학과 로그, 수치해석에 업적을 남겼다. 가우스의 최소제곱법의 공식 발견에 큰 영향을 주었으며 삼각함수의 호도법으로 유명하다. 유리분수식의 연산법칙에 대해서도 업적을 남겼다.

초등학교와 중학교에서 각도를 나타낼 때는 육십분법을 사용한다. $30°, 50°, 205°$ 등 아라비아 숫자와 각도의 단위로 나타내는 것이다. 그러나 고등학교 수학부터는 호도법으로 각도를 표시한다.

호도법은 $180°$를 π(라디안)으로 한 측정법이다. 보통 라디안은 생략해서 표기한다.

우선 부채꼴의 그림으로 호도법의 공식을 증명해보자.

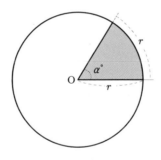

부채꼴의 각도는 $\alpha°$으로 1라디안이며 부채꼴의 반지름과 호의 길이가 같을 때의 중심각이다.

$r:2\pi r=\alpha°:360°$ 으로 비례식을 세워 $\alpha°=\dfrac{180°}{\pi}$을 1라디안 $=\dfrac{180°}{\pi}$으로 바꾸면 $180°$는 π(라디안)으로 나타낸다. 그리고

$90°$는 $\frac{1}{2}\pi$, $360°$는 2π이다.

호도법은 각도를 각도의 단위 $°$를 사용하지 않고 원주율로 나타내는 간단한 방법이다.

호도법은 삼각함수와 물리학에서 많이 사용한다.

62

복잡한 함수를 다루기 쉽고 이해하기
쉽게 바꾸다

테일러 급수

$$f(x) = \sum_{n=0}^{\infty} \frac{f^n(a)}{n!}(x-a)^n$$

테일러
Brook Taylor, 1685~1731

영국의 수학자. 케임브리지의 세인트존 칼리지에서 수학과 자연 과학을
전공한 뒤 영국 학술원의 간사가 되었으나 34세 때 저술에 전념하기 위
해 사임했다. 최대의 업적은 미적분의 급수 전개로 유명한 '테일러의 정
리'이다. 또 미분방정식의 유한차분법과 선원근법 연구도 그의 업적으로
꼽힌다. 만년에는 종교와 철학 연구에 몰두했다.

테일러가 1717년에 발표한 공식 테일러 급수는 미분을 여러 번 하여 규칙적인 다항 함수로 만들어내는 것이다. 초등미적분을 배우면 반드시 알게 되며 미적분을 포함한 수학의 난해한 증명에 등장하는 경우도 있어 처음 본 순간에는 굉장히 낯설지만 점차 익숙해지는 공식이기도 하다. 즉 미분을 사용하여 우리가 알고 있는 삼각함수와 지수함수, 로그함수를 화려한 다항식으로 전개할 수 있도록 유도하는 공식인 것이다.

계승과 지수를 이용하여 무한급수로 나타낸 것인데, 사인함수, 코사인함수, 지수함수를 테일러 전개로 다항식에 가깝게 나타내면 다음과 같다.

$$\sin x = x - \frac{x^3}{3!} + \frac{x^5}{5!} - \frac{x^7}{7!} + \frac{x^9}{9!} - \frac{x^{11}}{11!} + \cdots$$

$$\cos x = 1 - \frac{x^2}{2!} + \frac{x^4}{4!} - \frac{x^6}{6!} + \frac{x^8}{8!} - \frac{x^{10}}{10!} + \cdots$$

$$e^x = 1 + \frac{x}{1!} + \frac{x^2}{2!} + \frac{x^3}{3!} + \frac{x^4}{4!} + \frac{x^5}{5!} + \cdots$$

사인함수는 $\dfrac{x^{\text{홀수}}}{\text{홀수}!}$ 의 형태로, 코사인함수는 $\dfrac{x^{\text{짝수}}}{\text{짝수}!}$ 의 형태로 합과 차가 번갈아 반복되는 무한급수이다. 지수함수는 $\dfrac{x^{\text{자연수}}}{\text{자연수}!}$ 의 형태로 계속 더하는 무한급수이다.

오일러는 테일러 급수로 오일러의 공식인 $e^x = \cos x + i \sin x$ 를 유도했다.

테일러 급수는 미분방정식, 복소함수, 베셀 함수에도 적용하며 더 나아가 유체역학과 파동 방정식, 확산 방정식, 응용 수학, 음향학에도 적용된다.

63

골드바흐의 추측

쉽게 증명될 줄 알았던 세기의 난제

2보다 큰 짝수는 모두 두 소수의 합으로 나타낼 수 있다.

골드바흐
Christian Goldbach, 1690~1764

독일 출신의 수학자. 러시아의 상트페테르부르크의 교수로 활동하며 수학 분야에 업적을 남겼다. 그의 주요 연구는 정수론이었지만, 곡선이론, 무한급수, 미분방정식의 적분 등에도 업적을 남겼다. 페르마의 마지막 정리, 4색 정리, 리만 가설과 함께 20세기 최고의 수학 난제로 꼽힌 골드바흐의 추측으로 명성이 높다.

18세기의 수학자들이 정수론 연구에 열정을 불태울 때 쉽게 증명이 될 것 같은 공리가 있었다. 바로 골드바흐의 추측이었다.

　1742년 6월 7일 골드바흐는 오일러에게 한 장의 서신을 보냈다. 그 안에는 '5보다 큰 정수는 모두 세 소수의 합으로 나타낼 수 있다'라는 간단한 소수의 합에 대한 질문이 담겨 있었다.

　골드바흐의 추측은 강한 골드바흐의 추측과 약한 골드바흐의 추측이 있다.

　강한 골드바흐의 추측은 2보다 큰 짝수는 모두 두 소수의 합으로 나타낼 수 있다는 것이다.

　약한 골드바흐의 추측은 5보다 큰 홀수는 모두 세 소수의 합으로 나타낼 수 있다는 것이다.

　골드바흐가 오일러에게 질문한 것은 약한 골드바흐의 추측이고, 오일러는 강한 골드바흐의 추측으로 명제를 만들었다.

　강한 골드바흐의 추측이 증명되면 약한 골드바흐의 추측도 증명이 된다.

강한 골드바흐의 추측의 예로는 다음과 같은 것이 있다.

$$6 = 3 + 3,\ 8 = 3 + 5,\ \cdots$$

약한 골드바흐의 추측의 예로는 다음과 같은 것이 있다.

$$7 = 2 + 2 + 3,\ 27 = 3 + 5 + 19,\ \cdots$$

골드바흐가 오일러에게 보낸 편지 한 장으로 시작된 골드바흐의 추측은 그로부터 271년이 흐르는 동안 수많은 수학자들이 증명을 위해 도전했다.

수학자들은 이 쉬워 보이는 골드바흐의 추측을 증명하기 위해 노력했고 결국 2013년 페루 출신 수학자이자 괴팅겐 대학의 교수인 헬프고트[Harald Helfgott, 1977~]가 약한 골드바흐의 추측을 증명하는 데 성공했다.

하지만 아직 강한 골드바흐의 추측은 완전하게 증명된 것이 아니므로 미해결 추측으로 남아 있다.

64

인공지능 등 현대수학에서 환영받는
한 줄짜리의 간단한 공식

베이즈 정리

$$P(A \mid B) = \frac{P(B \mid A)P(A)}{P(B)}$$

베이즈
Thomas Bayes, 1701~1761

영국의 수학자이자 잉글랜드의 장로교 목사. 에든버러 대학교에서 논리
학과 신학을 공부했다. 목회 활동을 하며 신학 관련 저서를 출간했고 말
년에 확률론 연구에 몰두했다. 그의 연구 논문인 〈확률론의 한 문제에
대한 에세이 An Essay towards solving a Problem in the Doctrine of Chances〉에 베이즈
정리가 소개되어 있다.

베이즈 정리는 조건부 확률을 사용한 한 줄짜리의 간단한 공식이다.

하지만 베이즈의 정리는 자의성이 포함된다는 이유로 엄밀성을 요구하던 수학적 배경에서 배제된 공식이기도 하다.

베이즈 정리의 간단한 예를 들어보자.

야구공과 테니스공이 들어 있는 상자 A, C가 있다.

상자 A에는 야구공 3개, 테니스공 2개가 있으며 상자 C에는 야구공 1개와 테니스공 4개가 들어 있다.

상자는 2개이므로 A상자를 선택할 확률 P(A)는 0.5이다. 그리고 P(B)는 상자와 관계없이 야구공을 선택할 확률로 $0.5 \times 0.6 + 0.5 \times 0.2 = 0.4$이다.

P(B|A)는 조건부확률로 A상자에서 야구공을 꺼낼 확률이 0.6이다.

이를 식으로 하면 다음과 같다.

$$P(A|B) = \frac{P(B|A)P(A)}{P(B)} = \frac{0.6 \times 0.5}{0.4} = 0.75$$

즉 야구공을 꺼냈는데 상자 A에서 꺼낼 확률은 75%인 것이다.

　오늘날의 복잡한 세계에서 베이즈 정리는 수학계에 많은 도움을 주고 있다. 특히 데이터를 매번 새롭게 반영하여 결론을 내는 현대의 통계학에서 환영받고 있으며 인공지능과 정보학, 경제학, 인지과학, 행동과학 등 다양한 분야에서 사용 중이다.

65

세상에서 가장 아름다운 신의 공식

오일러 항등식

$$e^{i\pi} + 1 = 0$$

오일러

Leonhard Euler, 1707~1783

스위스의 수학자이자 과학자. 의학, 식물학, 물리학, 화학, 천문학에 이르기까지 매우 폭넓게 연구했다. 미적분, 기하학, 정수론에도 유명한 공식과 정리를 남겼다. 말년에 시력을 잃었지만 비상한 기억력과 집중력으로 비서의 도움을 받아 중요한 연구를 이어갔다. 이런 그의 학문적 열정이 남긴 책과 논문은 무려 530여 편에 달한다.

오일러의 수많은 업적 중 수학자들이 가장 손꼽는 것이 바로 오일러 공식$^{Euler's\ formula}$으로 불리는 오일러 항등식이다. 오일러 공식 $e^{ix}=\cos x + i\sin x$에서 x에 π를 대입하여 만든 특별한 항등식은 $e^{i\pi}+1=0$이다.

그렇다면 수학자들은 왜 오일러 항등식을 세상에서 가장 아름다운 공식이라고 하는 것일까?

오일러 항등식은 수학에서 가장 중요한 오일러 상수인 e, 허수 i, 원주율 π, 가장 작은 자연수인 1, 양수도 음수도 아닌 숫자 0이 한데 모인 위대한 공식이다. 단순해 보

e	오일러 상수	해석학
i	허수	대수학
π	원주율	기하학
1	가장 작은 자연수	산술
0	양수도 음수도 아닌수	

일 수 있는 이 다섯 개의 숫자는 사실 수학이 집결된 것이기 때문이다. 0과 1은 산술을, i는 대수학을, π는 기하학을, e는 해석학의 범주에 속하는 수학의 숫자와 기호이다.

그래서 수학자들이 뽑은 가장 위대한 공식 1위에 오르기도 했던 오일러 항등식은 신의 공식이란 평도 듣고 있다.

66	수학 천재 오일러의 세상에서 두 번째로 아름다운 공식 # 오일러의 다면체 공식

다면체에서 꼭짓점의 개수를 v, 모서리의 개수를 e,

점의 개수를 f로 하면 $v-e+f=2$이다.

오일러 Leonhard Euler, 1707~1783(184쪽 참조)

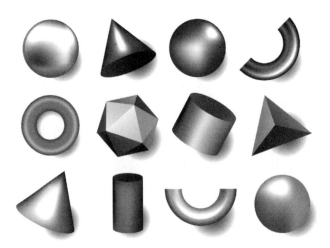

오일러의 다면체 공식은 오일러가 두 번째로 세상에서 가장 아름다운 공식으로 불렀던 공식이다. 위상수학 분야에서 처음 등장한 후 곧 위대한 공식으로 알려졌다.

다음 그림은 4개의 다면체에 대한 예를 들어 오일러의 다면체 공식을 나타낸 것이다.

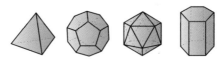

	삼각뿔	정십이면체	정이십면체	육각기둥
꼭짓점(v)의 개수	4	20	12	12
ㅣ	ㅣ	ㅣ	ㅣ	ㅣ
모서리(e)의 개수	6	30	30	18
+	+	+	+	+
면(f)의 개수	4	12	20	8
‖	‖	‖	‖	‖
2	2	2	2	2

$v-e+f=2$가 항상 성립한다. 오일러의 다면체 공식이 성립하지 않는 경우는 입체도형에 구멍이 있을 때이다.

67

쾨니히스베르크의 다리는 이제 모든 다리를
한 번씩만 지나갈 수 있다

한붓그리기 공식

도형의 홀수점이 2개이거나 모두 짝수점일 때 한붓

그리기가 가능하다.

오일러 Leonhard Euler, 1707~1783(184쪽 참조)

프러시아의 쾨니히스베르크(현재 러시아 칼리닌그라드) 지역
사람들은 섬 1개와 연결된 7개의 다리를 따라 산책하기를 즐
겼다. 그런데 사람들은 문득 궁금해졌다.

"7개의 다리를 한번 씩만 건너서 시작점으로 다시 돌아올
수 있을까?"

사람들은 이 궁금증을 풀기 위해 다양한 시도를 해봤지만

성공할 수가 없었다. 그들은 결국 이 문제의 답을 천재 수학자로 알려진 오일러에게 물어보았다.

　오일러는 육지는 점으로, 다리는 선으로 그려서 단순화시킨 그래프로 문제를 풀어보았다. 그런 뒤 한 번씩만 지나서 7개의 다리를 모두 건널 방법은 없다는 것을 증명했다.

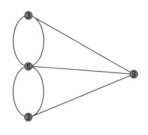

　그림처럼 홀수점은 4개이다. 오일러는 한 번씩 건너서 도달하려면 홀수점이 2개이거나 모두 짝수점일 때만 가능함을 예시를 통해 설명했다.

　쾨니히스베르크 다리를 도식화한 위 그림을 보면 홀수점이 4개이므로 한 번씩만 건너서 모든 다리를 지나는 것은 불가능하다(현재 쾨니히스베르크의 다리는 한 개가 더 건설되어 8개이다. 지금은 한붓그리기의 조건에 만족한다).

오일러는 이러한 한붓그리기를 그래프 이론으로 발전시켜 위상수학의 기초를 다졌다.

오일러의 그래프 이론은 생물학과 경제학, 컴퓨터 공학에 이르기까지 매우 폭넓게 적용되고 있으며 현대사회를 변화시킨 중요한 수학 이론이다.

68

국제 무역과 금융거래를 위한 복리계산에
필요한 자연상수

자연상수 e

$$\lim_{n \to \infty} \left(1 + \frac{1}{n} \right)^n = e$$

오일러 Leonhard Euler, 1707~1783(184쪽 참조)

━━━━━━━━━━━━━━━◇━━━━━━━━━━━━━━━

수학에서 원주율을 나타내는 π와 함께 유명한 무리수가 있다. 바로 오일러 상수 e이다. 오일러 상수 e의 존재는 수학자 자코프 베르누이와 라이프니츠도 이미 알고 있었지만 광범위하게 연구한 수학자는 오일러이기에 e를 오일러 상수로 부른다. 오일러 상수는 자연상수로 부르기도 한다.

오일러 상수 e의 근삿값은 2.718이다.

원리합계를 구하는 공식은 $S = P\left(1 + \frac{r}{n} \right)^{nt}$ 인데, 이 공식의

P값을 1달러로, 연^{年}수 t를 1로, 연이율 r을 1(100%)로 놓으면 $\left(1+\dfrac{1}{n}\right)^n$ 이며 이에 대한 극한값을 구하면 e이다. 즉 원리합계의 공식이 오일러의 상수값 e를 유도한 것이다.

금융의 복리계산에 유용한 오일러 상수는 국제 무역과 금융거래가 활발한 시기였던 18세기에 이용되기 시작했다. 또한 공학적 설계인 현수선(매달려 있는 줄이 만드는 곡선) 설계에서도 오일러 상수는 유용하게 쓰였다.

이처럼 기하학 분야뿐만 아니라 확률을 비롯한 수학과 공학 분야 이외에도 박테리아의 성장속도, 방사능 붕괴, 인구증가 등 자연과학, 사회과학 등 다양한 분야에서 이용된다.

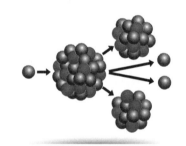

방사능 붕괴

69

마법의 합

마방진이 1에서 n^2까지 연속된 숫자로 채워져 있다면 각 행과 열의 합은 $\dfrac{n(n^2+1)}{2}$이다.

오일러 Leonhard Euler, 1707~1783(184쪽 참조)

◇

마방진은 정사각형 모양의 표에 숫자를 하나씩만 써서 가로, 세로, 대각선의 합이 같도록 하는 배열을 뜻한다.

마방진은 어린 아이의 두뇌 향상이나 퍼즐로 많이 알려져 있으며 수학에서도 중요한 학문 분야이다.

마방진의 기원은 중국 우왕 때 강의 범람을 막기 위해 제방을 쌓는 공사에서 거북이 발견된 것에서 시작된다.

제방 공사 도중에 발견한 거북의 등에 45개의 점 배치도가 마방진으로 되어 있었다.

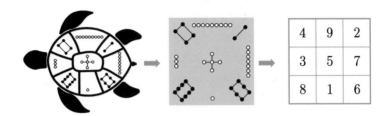

4	9	2
3	5	7
8	1	6

거북 등의 숫자는 가로, 세로, 대각선의 합이 15로 같았다.

마법의 합은 마방진의 가로, 세로, 대각선의 합으로, 공식으로 구할 수 있다. 예를 들어 1에서 9까지의 숫자를 한 번씩 사용한 마방진이 있다면 공식에 적용해서 n에 3을 대입하면 마법의 합은 $\dfrac{3(3^2+1)}{2}$ 로 15이다.

우리나라도 마방진으로 유명한 학자가 있다. 조선 숙종 때의 영의정이자 수학자인 최석정으로 그가 소개한 지수귀문도는 육각형 9개를 배열해서 1부터 30까지 숫자를 배열해 육각형의 합이 93이 되는 독창적 마방진을 창안했다.

최석정

70

무수히 떨어지는 바늘을 실험하고 있는
컴퓨터

뷔퐁의 바늘 공식

$$P = \frac{2l}{d\pi}$$

뷔퐁
Georger Louis Leclerc Buffon, 1707~1788

프랑스의 과학자이자 수학자, 철학자. 왕실정원의 감독관으로 일했으며
자연사에 관한 〈박물지histoire naturelle〉를 집필했다. 주로 철학과 생물진화
론에 대한 연구를 했으며 1777년에 발표한 논문 〈정신적 산술론〉에 '뷔
퐁의 바늘'이 수록되어 있다. 그는 "글은 그 사람의 인격을 나타낸다"는
명언을 남겼다.

원주율이 있는 확률공식을 본 적이 있는가? 놀랍게도 1777년 뷔퐁 백작이 만든 공식에는 원주율이 들어 있다.

마루 간격이 d로 일정하고, 바늘의 길이가 l일 때 바늘이 마루선 위에 걸친 확률 공식 P는 $\frac{2l}{d\pi}$이다. 바늘의 길이가 대체로 마루 간격보다 작으면 공식은 성립한다.

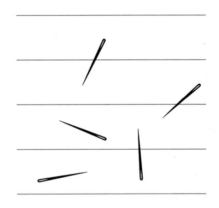

그런데 바늘을 떨어뜨린 횟수 n과 바늘이 마루선에 걸친 횟수가 r인 $\frac{r}{n}$은 $\frac{2l}{d\pi}$과 근삿값이 되어 원주율 $\pi \fallingdotseq \frac{2nl}{rd}$로 식이 유도된다.

뷔퐁의 바늘 공식으로 여러 번 바늘을 던져서 원주율 π에

196

관한 값도 근삿값 3.141519로 어렵게 구할 수 있었다. 그러나 현실적으로 매번 수천 번 이상 바늘을 던져서 원주율의 근삿값을 구하는 것은 매우 비효율적이다. 그래서 20세기 중반 무렵부터 컴퓨터를 이용해 바늘이 떨어지는 실험을 임의로 난수를 생성해 모의 실험하여 원주율을 구했는데 이때 이용한 방법이 몬테카를로 방법이다. 뷔퐁의 바늘문제가 몬테카를로 방법의 시작을 불러온 것이다.

몬테카를로 방법은 경제학과 물리학, 화학, 통계학, 역학에도 크게 기여했다.

71

미지의 상수를 위해 100억 자릿수를
계산 중인 수학자들

오일러-마스케로니 상수

$$\gamma = \lim_{n \to \infty} \left(\sum_{k=1}^{n} \frac{1}{k} - \ln(n) \right)$$

로렌초 마스케로니
Lorenzo Mascheroni, 1750~1800

이탈리아 수학자. 파비아 대학 수학교수로 재직하며 물리학과 미적분학,
미터법 분야를 연구했으며 기하학에 많은 업적을 남겼다. 그가 개발한
작도법이 퐁슬레와 슈타이너에게 큰 영향을 주었다. 그는 1797년 〈컴퍼
스의 기하학〉을 발표했는데 직선이 하나 주어지면 컴퍼스만으로도 작도
가 가능하다는 내용이 담겨 있다.

오일러-마스케로니 상수 γ(감마)는 원주율 π와 오일러의 상수 e처럼 무한히 연속되는 무리수이다.

$\sum_{k=1}^{\infty} \frac{1}{k}$은 조화급수($H_n$)이며 계산하면 무한인 ∞이다. 그리고 $\lim_{n \to \infty} \ln(n)$도 무한인 ∞이므로 공식의 의미로는 서로 빼니 결과값이 무한으로 발산이 예상되나 오히려 무한소수인 근삿값 0.5772로 수렴하게 된다.

오일러-마스케로니 상수는 $\gamma = \lim_{n \to \infty}(H_n - \ln(n))$으로 간단히 나타낼 수도 있다.

오일러는 조화급수와 자연로그의 차이가 무한대로 발산하면 일정한 상수값에 수렴한다는 것에 주목했다.

그 뒤 마스케로니가 오일러가 계산한 소숫점 아래 6자릿수를 넘어선 32째 자릿수까지 증명해 지금과 같은 오일러-마스케로니 상수로 부르게 되었다.

그 뒤로도 수학자들의 연구는 계속되어 2008년에는 100억 자릿수를 구했으나 유리수일지도 모른다는 예상에 지금도 수학자들은 계속 자릿수를 늘려가며 계산하는 중이다.

이에 따라 영국의 수학자 하디$^{\text{Godfrey Harold Hardy, 1877~1947}}$는

오일러-마스케로니 상수가 유리수로 나타내지는 것을 증명하는 사람에게 자신의 옥스퍼드 기하학 새빌리언[savilian] 석좌교수직을 내놓겠다고 말했다.

오일러-마스케로니 상수가 중요한 또 하나의 이유는 정수론에 커다란 영향을 주는 미지의 상수이기 때문이다.

리만 가설의 증명에 필요한 '로빈의 정리'도 오일러-마스케로니 상수가 포함되며 오일러가 만든 감마함수에도 사용되는 등 다양하게 이용되고 있다.

72 팩토리얼

$$n! = n \times (n-1) \times (n-2) \times \cdots \times 1$$

크리스티앙 크람프
Christian Kramp, 1760~1826

프랑스의 의사이자 수학자. 의학과 수학 분야의 책들을 저술했으며 쾰른에서 수학과 물리학, 화학을 가르쳤다. 또한 스트라스부르에서 수학교수로 재직했다. 그의 업적 중에는 복소 오차함수에 관한 연구도 있다.

'!'만 보면 느낌표를 떠올릴 것이다. 그런데 수학기호이기도 하다. 수학기호 !는 팩토리얼 또는 계승으로 부르며 숫자 뒤에 ! 기호를 붙인다. ! 기호가 붙은 숫자는 그 숫자보다 1 작은 숫자들을 1까지 차례대로 모두 곱해서 계산하라는 의미이다.

예를 들면 5!은 5×4×3×2×1로서 결괏값은 120이다.

이는 5명의 사람을 일렬로 세우는 경우의 수를 계산할 때 5!를 계산하면 120가짓수가 된다는 의미이기도 하다.

팩토리얼은 크람프가 《보편 산술 원론$^{\text{Éléments d'arithmétique universelle}}$》에서 처음 소개한 뒤 공식으로 규정하고 !로 표기한 뒤 '파퀼테'로 불렀다. 지금과 같은 팩토리얼^{factorial}로 부르기 시작한 것은 수학자 아르보가스트$^{\text{Louis Arbogast, 1759~1803}}$에 의해서이다.

팩토리얼은 순열이나 조합계산을 할 때 반드시 필요하다. 정수론에서 윌슨 정리나 르장드르의 정리, 스털링의 공식 등에서도 팩토리얼은 중요하다.

73

의학, 음양학, 광학, 천문학 등 수많은 분야가
신세지고 있는 공식

푸리에 급수

$$f(x) = \frac{1}{2}a_0 + \sum_{n=1}^{\infty}(a_n \cos nx + b_n \sin nx)$$

푸리에
Jean-Baptiste Joseph Fourier, 1768~1830

프랑스의 수학자이자 수리과학자. 에콜 폴리테크닉 교수였으며 1798년
나폴레옹의 이집트 원정에서 유적지를 탐사하고 과학에 대한 조언자로
일하기도 했다. 그가 발견한 푸리에 급수는 수학사뿐만 아니라 과학계와
의학, 음양학 등 다양한 분야에 많은 영향을 미쳤다.

1807년 푸리에는 열막대기, 판, 덩어리에서 열의 흐름에 관한 실제적인 문제를 다룬 〈고체에서 열전도에 대하여〉라는 논문을 발표한다. 그러나 프랑스 과학원의 심사위원이었던 라그랑주, 라플라스, 르장드르는 이 논문을 심사에서 기각했다.

그로부터 4년이 지난 뒤 프랑스 과학원의 배려로 다시 수정된 논문을 제출했지만 엄밀성의 문제로 과학원의 논문집에는 실리지 못했다.

하지만 푸리에는 좌절하지 않고 연구를 계속해 1822년 〈열해석학〉을 출간한다. 이 논문에는 주기 함수 $f(x)$는 사인과 코사인 함수의 무한합으로 나타낼 수 있다는 내용이 들어 있는데 그것이 바로 유명한 '푸리에 급수' 이다.

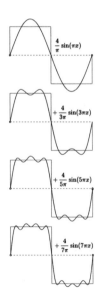

푸리에 급수는 진동분석에서 영상처리, 음향학, 광학, 열역학, 전기역학, 조화해석학, 별의 화학성분 분석 등 여러 분야를 연구하기 위한 중요한 수학적 도구이다.

74

천재 수학자 가우스가 10살에 만든 공식

등차수열의 합 공식

$1+2+3+\cdots+n$까지 등차수열의 합 $S = \dfrac{n(n+1)}{2}$

가우스
Carl Friedrich Gauss, 1777~1855

독일의 수학자, 물리학자, 천문학자. 정십칠각형의 작도를 시작으로 2차 형식에 관한 상호相互 법칙, 최소제곱법, 복소평면, 대수학의 정립, 타원 함수의 발견 등 정수론에 많은 업적을 남겼다.

천문학과 역학에도 천재적인 업적을 남겼으며, 공학 분야에서도 가우스가 만든 공식 및 법칙을 쉽게 찾아볼 수 있다.

1787년 10살의 가우스는 수학 수업 중 선생님이 낸 문제를 풀게 되었다.

1부터 100까지의 합을 구하라는 문제였다.

떠드는 학생들이 잠시 조용하길 바라면서 문제를 냈던 선생님은 잠시 후 깜짝 놀라게 된다. 몇 분도 되지않아 가우스가 문제를 푼 것이다.

그가 푼 방법은 다음과 같았다.

$$1 \quad + \quad 2 \quad + \quad 3 \quad + \quad \cdots \quad + \quad 100$$
$$100 \quad + \quad 99 \quad + \quad 98 \quad + \quad \cdots \quad + \quad 1$$

먼저 가우스는 이와 같이 썼다.

윗줄의 수식은 1에서 100까지 차례로 쓴 것이고, 아랫줄 수식은 100부터 1까지 거꾸로 차례로 쓴 것이다. 윗줄과 아랫줄의 숫자를 순서에 맞게 더하면 항상 101이 된다. 101이 100개이므로 101×100을 계산한 뒤 1부터 100까지 2번 더한 것이 되므로 이제 2로 나눈다. 이를 수식으로 표현하면 $\dfrac{101 \times 100}{2} = 5050$이 된다.

열 살이 된 학생이 등차수열을 구하는 기본 공식을 만들어
낸 것이다.

가우스의 천재성이 나타나는 많은 에피소드들 중 하나이다.

75

신출귀몰하는 신기한 수인 소수의 출연
빈도수를 구하는 공식

소수 정리

$$\prod(x) \fallingdotseq \frac{x}{\ln x}$$

가우스　Carl Friedrich Gauss, 1777~1855(205쪽 참조)

소수는 신출귀몰하게 나타나는 신기한 수들이다. 어떤 분포
로 나타나는지도 모르고, 공식도 없다. 그런데 소수가 출현하
는 빈도수를 계산하는 공식이 있다. 천재소년 가우스가 15살
에 만든, 소수의 출현 빈도수를 근삿값으로 구하는 공식이다.

$\prod(x)$는 1에서 x까지의 소수의 개수를 구하는 기호이며,
$\prod(10)$은 1에서 10까지의 소수의 개수를 근삿값으로 구한
것이다. 구한 근삿값은 소숫점 아래 첫째 자릿수에서 반올림

해 자연수로 계산한다.

$\prod(10)$을 구하면 약 4.3이므로 4개로 구해진다. 10까지의 소수의 개수는 2, 3, 5, 7로 실제로 세어도 4개이다.

그런데 $\prod(100)$은 공식을 적용하면 22개로 계산이 되지만 실제로는 25개이다. 12%의 오차가 있다.

$\prod(1000)$은 공식으로 적용하면 13.7%의 오차가, $\prod(10000)$은 11.6%의 오차가 나오며 $\prod(100,000,000)$에 이르면 5.8%의 오차로 점차 감소한다. 따라서 소수의 개수가 매우 크면 오차는 거의 발생하지 않는다.

가우스의 위대한 공식인 소수의 정리는 해석적 정수론에 큰 영향을 주었다.

76

축구 선수가 공을 넣을 확률을 구해보자

푸아송 분포

발생빈도를 λ, 사건발생 횟수를 x로 할 때

푸아송 분포 공식 $P(x) = \dfrac{\lambda^x e^{-\lambda}}{x!}$

푸아송

Siméon Denis Poisson, 1781~1840

프랑스의 수학자이자 물리학자. 300여 종이 넘는 저서에서 알 수 있듯이 매우 열정적인 수학자로 소르본 대학교 교수로 재직했다. 잘 알려진 논문으로는 〈역학〉, 〈모세관 현상의 새 이론〉, 〈열의 수학적 이론〉 등이 있으며, 정적분, 급수, 탄성이론, 천체물리학, 통계학, 확률론 등 여러 분야에 업적을 남겼다. 프랑스 과학원 회원이었고 상원의원으로도 활동했다. 확률론의 푸아송 분포가 특히 유명하다.

푸아송 분포는 발생빈도가 드문 경우에 일어날 확률을 나타내는 분포이다. 푸아송이 기마대의 군의관으로 있을 때 낙마사고로 사망하는 군인의 수를 조사하다가 푸아송 분포를 발견했다.

그는 푸아송 분포를 통해 한 부대에서 연간 약 0.7%의 사건발생률이 일어난다는 통계를 근거로 매년 1명의 낙마 사고는 약 35%, 매년 2명의 낙마사고는 약 12%로 발생이 가능하다는 결론을 도출했다.

푸아송 분포는 사건의 평균 발생빈도를 알면 희박한 발생빈도를 계산하는 편리성이 있다. 그래서 통계학에서 많이 사용한다.

다음 예를 살펴보면 더 쉽게 이해할 수 있다.

매번 경기마다 평균 2골을 넣는 스트라이커가 있다고 하자. 그가 6골을 넣을 수 있는 확률을 구하고자 한다. 이때 푸아송 분포를 사용하면 된다.

$$\lambda = 2\text{이고} \quad x = 6\text{이며} \quad P(5) = \frac{2^6 e^{-2}}{6!} = \frac{64 \times 2.718^{-2}}{6 \times 5 \times 4 \times 3 \times 2 \times 1}$$

≒0.012이므로 약 1.2%이다. 즉 평균 2골을 넣는 스트라이커는 다음 경기에서 6골을 기대해 볼 수도 있지만 사실 이것은 희박한 확률이다.

77

나비 효과의 시작

나비에-스토크스 방정식

$$\rho\left(\frac{\partial v}{\partial t} + v \cdot \nabla v\right) = -\nabla p + \nabla \cdot T + f$$

(ρ: 밀도, v: 속도, t: 시간, p: 압력, T: 응력, f: 체적량)

나비에

Claude Louis Marie Henri Navier, 1785~1836

프랑스의 수학자이자 물리학자. 유체역학과 탄성역학에 기여했다.

스토크스

George Gabriel Stokes, 1819~1903

영국의 수학자이자 물리학자. 케임브리지 대학교수였으며 미적분학과 유체역학, 음향을 연구했다.

오일러의 방정식을 확장한 나비에-스토크스 방정식은 우리가 흔히 아는 방정식은 아니다. 하지만 나비효과라는 말을 떠올리면 좀 더 이해하기 쉬울 것이다.

7개 중의 밀레니엄 수학난제 중 1개로 아직도 해결하지 못한 방정식인 나비에-스토크스 방정식은 오일러의 방정식에 점성을 고려한 방정식이다. 점성은 유체의 흐름에 대한 저항이다.

오일러 방정식은 점성을 반영하지 않았기 때문에 유체의 운동을 명확히 설명하지 못한다. 그래서 점성을 고려하여 유체의 흐름을 현실적으로 반영한 나비에-스토크스 방정식이 탄생한 것이다.

그러나 해를 구하려고 하지만 편미분방정식이어서 해의 존재성을 증명하는 데에도 많은 어려움이 따른다. 움직이는 유체의 흐름 때문에 정확한 해를 구하지 못하고 근사적 해를 구하게 되기 때문이다. 이와 같은 불완전성에도 불구에도 나비에-스토크스 방정식은 영화의 특수촬영이나 유체와 공기의 흐름을 나타내는 방정식을 함께 써서 물방울의 정교함이나 파도 연출, 동물의 털의 움직임 같은 미세한 연출을 구현하는 데 매우 필요한 방정식이다.

유체역학이 필수적으로 이용되는 물리학이나 일부 공학 분야에서는 나비에-스토크스 방정식의 쓰임은 폭넓다. 또한 토목공학, 화학공학, 재료공학 등에서도 이용되고 있으며 의학에서는 혈액의 순환 연구에 응용되고 있다.

일상생활에서도 태풍의 예상경로 예측과 비행기의 안전한 운항에 이르기까지 폭넓게 이용 중이다.

만약 나비에-스토크스 방정식의 해를 구할 수 있다면 정확한 기상보도 예측이 가능해지고 물질의 이동 경로도 파악할 수 있게 되어 인류의 삶은 진일보하게 될 것이며 물리학 발전에도 큰 기여를 하게 될 것이다.

78

모든 미지수가 실수일 때 반드시 성립하는
절대부등식

코시-슈바르츠 부등식

$$(a^2+b^2)(x^2+y^2) \geq (ax+by)^2$$

코시
Augustin-Louis Cauchy, 1789~1857

프랑스의 수학자. 에콜 폴리테크니크 교수로 재직하며 코시-리만 방정식, 코시함수 방정식, 미적분에서 엄밀성을 적용한 엡실론 델타 논법, 평균값 정리 등 수많은 업적을 남겼다. 그의 연구 분야에는 천체역학과 광학도 있다.

슈바르츠
Hermann Amandus Schwarz, 1843~1921

독일의 수학자. 베를린, 괴팅텐, 취리히 대학에서 교수로 재직하며 슈바르츠의 함수, 슈바르츠의 교대법, 슈바르츠의 랜턴 등 여러 업적을 남겼다.

코시는 789편의 논문을 발표하면서 오일러 다음으로 많은 논문을 쓴 수학자로도 유명하다. 코시가 수학자로서 남긴 업적 중 손꼽히는 것이 수학을 직관적으로 증명하던 것에서 벗어나 엄밀한 증명법을 도입했다는 것이다.

슈바르츠는 복소해석학, 미분기하학, 변분법 분야에 업적을 남겼다.

코시-슈바르츠 부등식은 코시가 1821년에 먼저 발견한 뒤 1859년에 부나콥스키가 무한 차원으로 확장 증명했다. 그리고 1888년 부나콥스키가 확장증명한 것을 슈바르츠가 재증명했다.

1896년에 푸앵카레는 슈바르츠 부등식으로 명명하기도 했는데, 20세기 이후 코시-슈바르츠 부등식으로 알려지게 된다. 그러나 일부 유럽에서는 부나콥스키-코시-슈바르츠 부등식으로 부르기도 한다.

코시-슈바르츠 부등식은 $(a^2 + b^2 + c^2)(x^2 + y^2 + z^2) \geq (ax + by + cz)^2$으로 변수가 1개씩 더 늘어나도 성립한다.

코시-슈바르츠 부등식은 부등식의 계산이나 증명과정에서

많이 활용되기 때문에 기억해두면 매우 편리하다. 뿐만 아니라 확률론의 공분산, 해석학, 불확정성 원리에 이르기까지 폭넓게 사용하는 절대부등식이다.

79

교환법칙, 결합법칙, 분배법칙을 아십니까?

대수학의 5가지 법칙

1 덧셈의 교환법칙 $a+b=b+a$

2 곱셈의 교환법칙 $a\times b=b\times a$

3 덧셈의 결합법칙 $(a+b)+c=a+(b+c)$

4 곱셈의 결합법칙 $(a\times b)\times c=a\times(b\times c)$

5 분배법칙 $a\times(b+c)=a\times b+a\times c$

피콕
George Peacock, 1791~1858,

영국의 수학자이자 성직자. 주로 기호대수학을 연구하면서 대수학의 논리체계를 갖추는 데 전념해 '대수학의 유클리드'라는 별명도 있다. 현대의 대수 개념을 마련한 수학자로 알려져 있으며 형식 불변의 원리로도 유명하다.

유클리드의 《원론》은 기하학의 체계를 갖춘 교과서로 오랫동안 수학을 탐구하는 수학자에게 서양의 수학적 이론을 지도한 지침서이다.

이와 비견되는 대수학의 체계를 잡은 수학자가 바로 피콕이다.

그는 1830년 저서 《대수학 논문$^{Treatise\ on\ Algebra}$》을 통해 대수학의 체계를 정립했다. 이 논문에 담긴 대수학의 5가지 법칙은 처음에는 자연수만이 적용된다고 설명되었었다.

예를 들어 교환법칙은 덧셈과 곱셈만 가능하다.

실제로 숫자를 자유롭게 대입하면 검증할 수 있다. 2+5는 5+2와 7로써 같다. 3×7은 7×3으로 21로써 같다. 덧셈과 곱셈은 교환법칙이 성립하는 것이다.

2-5와 5-2가 각각 -3과 3으로 다른 값을 갖는 것은 교환법칙이 성립하지 않는 것을 증명하며 4÷2와 2÷4도 각각 2와 $\frac{1}{2}$로 다른 값을 갖는 것을 확인할 수 있다.

결합법칙도 덧셈과 곱셈만 가능하다. 뺄셈은 (2-3)-4와 2-(3-4)는 각각 -5와 3으로 괄호의 위치가 바뀌면 계산 순서가 다르기 때문에 결과가 다른 것을 알게 된다. 괄호 안부터 계산하면 증명이 된다. 나눗셈도 $(6 \div 3) \div 2$와 $6 \div (3 \div 2)$ 는 각각 1과 4로 결과가 다르다. 마지막 분배법칙은 다음과 같다.

$$4 \times (5+6) = 4 \times (5+6) = 4 \times 5 + 4 \times 6 = 20 + 24 = 44$$

분배법칙과 인수분해는 서로 역관계이다.

대수학의 5가지 법칙은 복소수에도 확장하여 사용할 수 있다. 그리고 군, 환, 체의 연구에 많은 영향을 주었다.

80

벤다이어그램과 논리학의 대명사

드모르간의 법칙

1 $(A \cap B)^C = A^C \cup B^C$

2 $(A \cup B)^C = A^C \cap B^C$

드모르간
Augustus De Morgan, 1806~1871

영국의 수학자. 런던 수학회의 초대회장인 드모르간은 1823년 케임브리지 대학교 트리니티 칼리지 수학과를 졸업한 뒤 박사학위 없이 1828년에 유니버시티 칼리지 런던에서 교수로 재직하며 학생들을 가르쳤다. 논문으로는 〈산술 개론Elements of Arithmetic(1830)〉, 〈삼각 함수론과 쌍대수 Trigonometry and Double Algebra(1849)〉, 〈형식적 논리학Formal Logic(1847)〉 등이 있으며 조지 불과 함께 논리학의 발전에 공헌했다. 이밖에도 확률론과 대수학에도 많은 기여를 했다.

집합에서 드모르간의 법칙은 벤다이어그램을 이용하여 증명할 수 있다. 우선 A^C을 알아보자.

A^C은 A의 '여집합'으로 집합 A를 제외한 부분을 색칠하는 것이다. 그리고 A∩B는 A와 B의 '교집합'으로 공통된 부분이다. A∪B는 A와 B를 합한 '합집합'이다.

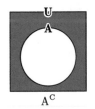
A^C

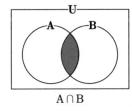
A∩B

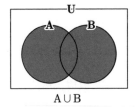
A∪B

드모르간의 첫 번째 법칙은 벤다이어그램을 색칠하면 이해가 빠르다. 다음 그림처럼 집합기호의 지수 부분에 붙는 C는 여집합으로 '아니다'를 의미하므로 반대 부분을 색칠하면 된다. 그런 후 연갈색으로 칠해진 A^C과 B^C의 두 부분을 합하면 증명이 된다.

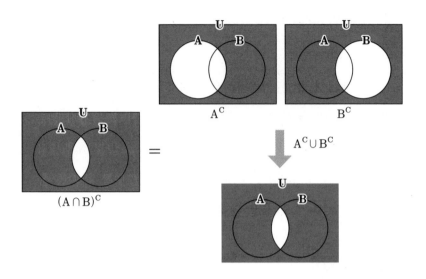

$(A \cap B)^C$

A^C

B^C

$A^C \cup B^C$

드모르간의 두 번째 법칙도 벤다이어그램을 색칠하면 확인할 수 있다. 오른쪽 연갈색으로 칠한 A^C과 B^C의 공통된 부분을 찾으면 증명이 된다.

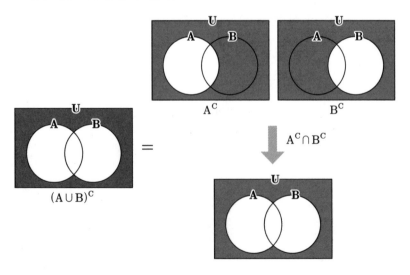

$(A \cup B)^C$

A^C

B^C

$A^C \cap B^C$

논리학에서는 벤다이어그램의 첫 번째 법칙을 $\sim(p \wedge q) = \sim p \vee \sim q$로, 두 번째 법칙을 $\sim(p \vee q) = \sim p \wedge \sim q$으로 흔하게 사용한다.

드모르간 법칙은 논리학과 집합론에서 필수적이다. 또한 전자회로학에도 필요하며 불 대수학에도 영향을 주었다.

81

초월수의 비밀

리우빌 상수

리우빌 상수 $L = \sum\limits_{n=1}^{\infty} \dfrac{1}{10^{n!}}$

리우빌
Joseph Liouville, 1809~1882

프랑스의 수학자. 리우빌의 정리는 복소 해석학에서 유명한 정리이며, 리우빌 미분형식과 리우빌 장론 등 다양한 수학 분야에 업적을 남겼다. 그가 발표한 논문만 400여 편이 넘으며 최초의 초월수인 리우빌 상수의 존재를 증명하고 상미분방정식에서 스튀름-리우빌 연산자를 발견했다.

수학자 라이프니츠는 대수적 방정식의 해로 나타나지 않는 초월수가 있다고 생각했다. 오일러는 대수적 방정식을 풀면 나오지 않는 해로, 증명은 되지 않았으나 e와 π로 예상하고 초월수라는 명칭을 지었다.

그 뒤 수학자들의 끈질긴 연구 끝내 마침내 수학자 리우빌이 초월수를 발견해 증명하는 영광을 누리게 되었다.

이를 구하는 공식은 $\sum_{n=1}^{\infty} \dfrac{1}{10^{n!}}$이다.

이 공식을 이용해 무한급수인 공식을 해결하니 첫 번째 초월수가 생성되었다. 리우빌 상수 L은 이진법을 전개한 것처럼 0과 1이 화려하게 나타난다.

$$L = 0.11000100000000000000000100000000000000$$
$$000000000000000000000000000000000000000000$$
$$00000000000000000000000000000000000001000\cdots$$

숫자 1은 소숫점 아래 첫 번째(1!) 자릿수와 두 번째(2!), 6번째(3!), 24번째(4!), 120(5!)번째, 720번째(6!)로 계승에 따라 무한하게 나타난다.

두 번째로 증명된 초월수는 e이며 세 번째는 π이다.

그 뒤 데데킨트가 실수체계에서 유리수보다 무리수가 더 많다고 증명했으며 그로부터 얼마 지나지 않아 칸토어는 믿지 못할 결과를 발표했다. 바로 실수의 대부분이 초월수라는 것을 증명한 것이다.

82

적당한 대응을 통해 많은 문제를 풀 수
있는 쓸모 많은 공식

카탈랑수의 공식

$$C_n = \frac{(2n)!}{n!(n+1)!}$$

카탈랑
Eugène Charles Catalan, 1814~1894

벨기에의 수학자. 정수론, 조합론, 화법기하학, 연분수에 업적을 남겼다. 1838년에 카탈랑 수를 발견했으며, 1844년에 발표한 카탈랑 추측이 유명하다. 카탈랑 추측은 미해결 문제였으나 158년이 지난 2002년에 증명되었다. 카탈링은 리에주 대학 교수로 재직했고 프랑스 하원의원으로도 활동했다.

오일러는 1751년에 골드바흐에게 정다각형에 대각선을 그어 분할되는 삼각형의 가짓수를 제시한 뒤 다음과 같은 공식을 만들었다.

$$E_n = \frac{\prod\limits_{k=3}^{n}(4k-10)}{(n-1)!}$$

이 공식에 따르면 정다각형에서 만들어지는 삼각형의 가짓수 E_n은 1, 2, 5, 14, 42, …로 증가한다. 정삼각형은 대각선을 그을 수 없고 분할되지 않으므로 삼각형의 가짓수는 1이다.

정사각형은 다음처럼 2개의 가짓수를 갖는다.

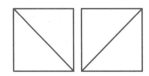

정오각형은 다음처럼 5개의 가짓수를 갖는다.

다음 표는 20각형까지 삼각형으로 분할되는 가짓수를 나타낸 표이다.

정다각형의 변의 개수(n)	분할되는 삼각형 가짓수(E_n)
3	1
4	2
5	5
6	14
7	42
8	132
9	429
10	1,430
11	4,862
12	16,796
13	58,786
14	208,012
15	742,900
16	2,674,440
17	9,694,845
18	35,357,670
19	129,644,790
20	477,638,700

오일러의 정다각형의 삼각형 분할 가짓수 공식은 벨기에 수학자 카탈랑의 재증명으로 새롭게 정립되었다.

카탈랑은 수학자 리우빌로부터 오일러의 공식에 대해 들었지만 독자적인 연구 끝에 오일러와는 다른 공식을 발표했다.

카탈랑이 자신의 이니셜을 사용하고 이름을 붙여 발표한 공식은 다음과 같다.

$$C_n = \frac{(2n)!}{n!(n+1)!}$$

이것이 바로 '카탈랑 수'의 공식이다.

오일러와 카탈랑의 두 공식의 관계는 $E_n = C_{n-2}$이다.

카탈랑 수는 수학자 마틴 가드너가 〈사이언티픽 아메리칸 Scientific American〉에 헥사곤(종이로 만든 육면체)과 카탈랑 수의 규칙 관계 설명으로 더욱 유명해졌다.

카탈랑 수는 조합론에 중요한 수열이다.

83

수학의 아담이 만든 방정식의 판별식

판별식

$$D = a_n^{2n-2} \prod_{i<j} (r_i - r_j)^2 , \, a^n \neq 0$$

실베스터
James Joseph Sylvester, 1814~1897

영국의 변호사이자 수학자. 런던대학의 자연철학 교수, 영국 육군사관학교와 존스 홉킨스의 수학 교수, 옥스퍼드 대학의 새빌리안 석좌교수로 재직했다. 정수론과 분할이론, 불변식론, 행렬 이론, 방정식 이론, 확률론, 조합론 등 다양한 분야에 업적을 남겼으며 행렬의 창시자이기도 하다. 수학의 신조어를 많이 만들어 '수학의 아담'으로 불리기도 했다.(편집자 주: 창세기를 보면 하나님의 명을 받아 동·식물과 사물에 이름을 붙인 것이 아담이다)

이차방정식의 근의 공식 $x = \dfrac{-b \pm \sqrt{b^2 - 4ac}}{2a}$ 에서 제곱근 안의 $b^2 - 4ac$가 판별식 D이다.

판별식^{discriminant}을 통해 근의 개수와 그래프 개형을 알 수 있으며 근들의 차의 제곱의 곱으로 해석할 수 있다. D가 0보다 크면 두 개의 실근을, 0이면 중근을 갖는다. 그리고 0보다 작으면 두 허근을 갖는다.

판별식 공식은 타르탈리아, 카르다노, 페로, 페라리 등 많은 수학자들이 연구해 발전시켰지만 판별식 기호로 D를 사용하고 공식화한 수학자는 실베스터이다. 실베스터는 행렬의 창시자로도 유명하다.

실베스터의 공식을 이용하면 방정식의 판별식을 만들 수 있다.

삼차방정식은 이차방정식의 판별식보다 복잡하다.

$ax^3 + bx^2 + cx + d = 0$에서 $D = b^2c^2 - 4ac^3 - 4b^3d - 27a^2d^2 + 18abcd$이며 $D > 0$이면 서로 다른 세 실근을 갖는다. $D = 0$이면 1개의 삼중근을 갖거나 이중근과 다른 1개의 실근을 갖는다.

그리고 $D<0$이면 1개의 실근과 2개의 서로 다른 허근을 갖는다.

이렇게 유용한 판별식은 선형대수학의 발전에 큰 영향을 주었다.

84

미분이 불가능한 놀라운 함수

바이어슈트라스 함수

$$f(x) = \sum_{n=0}^{\infty} a^n \cos(b^n \pi x)$$

$$\left(0 < a < 1, \ b\text{는 양의 홀수}, \ ab > 1 + \frac{3\pi}{2} \right)$$

카를 바이어슈트라스
Karl Theodor Wilhelm Weierstrass, 1815~1897

독일의 수학자. '현대 해석학의 아버지'로 평가받는다. 베를린 대학의 교수로 재직하며 복소수함수론에 업적을 남겼다. 초타원 적분, 아벨함수, 대수적 미분방정식, 행렬식을 비롯해 다양한 분야에 연구결과를 남겼으며 기하학과 함수론은 후대 수학자들에게 많은 영향을 끼쳤다.

    1872년 이전 대부분의 수학자들은 '함수가 연속이면 대부분 미분이 가능하다'고 생각했다. 일부 뾰족한 형태의 함수는 제외하고 말이다. 뾰족한 함수는 연속이어도 미분이 불가능하다.

    그런데 전체가 뾰족한 형태를 가진 놀라운 함수의 그래프와 공식을 선보인 수학자가 있었다. 바로 독일의 수학자 바이어슈트라스이다.

    1872년 바이어슈트라스는 그래프의 어디에도 미분이 불가능한 형태를 제시하고 증명함으로써 많은 수학자들에게 놀라움을 안겼다.

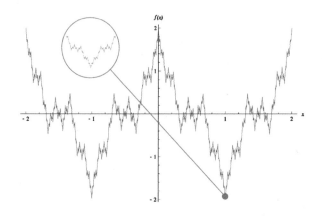

바이어슈트라스 함수의 공식은 코사인 진동 함숫값을 무한으로 더해 계산하는 것을 나타낸다. 또한 바이어슈트라스 함수는 최초의 프랙털 모양을 갖는 함수 그래프이기도 하다.

수학자 하디는 1916년 바이어슈트라스 함수에서 $0 < a < 1$이고 $ab \geq 1$ 확장된 조건에서도 미분이 불가능하다는 것을 증명해냈다.

프랙털의 코크 곡선도 뾰족한 선만으로 된 도형이며 함수로 생각한다면 연속이지만 미분이 불가능한 곡선이다.

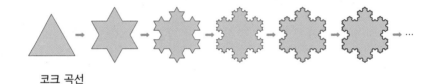

코크 곡선

85

정사각행렬의 선형대수학에 나타나는 특성

케일리-해밀턴 정리

$$A = \begin{pmatrix} a & b \\ c & d \end{pmatrix} \text{일 때 } A^2 - (a+d)A + (ad-bc)E = O$$

케일리　Arthur Cayley, 1821~1895
영국의 수학자이자 변호사. 변환이론, 해석기하
학, 고차원 기하학, 분할 이론, 아벨군 이론, 팔원
수, 세타 함수, 타원 함수, 행렬의 대수 등 여러
분야에 업적을 남겼다.

해밀턴　William Rowan Hamilton, 1805~1865
아일랜드의 수학자. 던싱크 천문대장과 천문학
교수로 재직했다. 그래프 이론과 사원수의 발견,
광학과 역학에 많은 업적을 남겼으며 행렬 이론
을 창안하고, 5차방정식의 해법, 파동방정식, 미
분 방정식의 수치 해법 등에 대한 논문을 썼다.

케일리-해밀턴 정리는 케일리가 먼저 발견했지만 해밀턴이 공식의 연구에 많은 공헌을 하면서 완성되었다.

케일리-해밀턴의 정리는 단위행렬 $E=\begin{pmatrix} 1 & 0 \\ 0 & 1 \end{pmatrix}$ 와 영행렬 $O=\begin{pmatrix} 0 & 0 \\ 0 & 0 \end{pmatrix}$ 가 포함된 것으로 행렬의 수학적 연산 성질은 완성되며 공식 $A^2-(a+d)A+(ad-bc)E=O$의 증명과정은 다음과 같다.

$$A^2-(a+d)A+(ad-bc)E$$

$$=\begin{pmatrix} a & b \\ c & d \end{pmatrix}\begin{pmatrix} a & b \\ c & d \end{pmatrix}-(a+d)\begin{pmatrix} a & b \\ c & d \end{pmatrix}+(ad-bc)\begin{pmatrix} 1 & 0 \\ 0 & 1 \end{pmatrix}$$

$$=\begin{pmatrix} a^2+bc & ab+bd \\ ac+cd & bc+d^2 \end{pmatrix}-\begin{pmatrix} a^2+ad & ab+bd \\ ac+cd & ad+d^2 \end{pmatrix}+\begin{pmatrix} ad-bc & 0 \\ 0 & ad-bc \end{pmatrix}$$

$$=\begin{pmatrix} 0 & 0 \\ 0 & 0 \end{pmatrix}=O$$

케일리-해밀턴 정리는 규칙이 있는 거듭제곱의 복잡한 행렬의 차수를 낮추어 간단한 행렬로 바꾸는 공식으로 유용하다. 2×2 정사각행렬보다 더 높은 차원의 행렬에 대해서도 공식은 다르지만 적용할 수 있어 매우 편리하다.

케일리-해밀턴 정리는 선형대수학의 발전에 영향을 주었다.

86

소수의 미스터리 해결을 위한 열쇠

리만 가설

$$\xi(x) = 1 + \left(\frac{1}{2}\right)^x + \left(\frac{1}{3}\right)^x + \left(\frac{1}{4}\right)^x + \left(\frac{1}{5}\right)^x + \cdots$$

리만

Bernhard Riemann, 1826~1866

독일의 수학자. 1857년 괴팅겐 대학교의 조교수를 거쳐, 1859년에는 가우스의 디리클레의 교수직을 승계했다. 리만적분과 리만 가설, 비유클리드기하학을 연구했으며 리만 기하학과 위상수학의 연결성에 대해 처음 연구한 수학자이다. 또한 리만합과 리만 사상정리 등 그의 수학적 업적은 매우 많다.

리만 가설은 '제타함수의 정하지 않은 모든 영점들은 하나의 직선 위에 분포한다'는 가설이다.

리만은 소수의 규칙성을 확신했지만 수학적으로 증명할 수는 없었다. 따라서 증명이 되지 않았기 때문에 수많은 수학자들이 이 문제를 해결하기 위해 도전했다. 그리고 밀레니엄 시대가 되자 밀레니엄 난제로 뽑혔으며 힐베르트의 23가지 문제 중 하나가 되었다. 이 과정에서 소수가 원자와 소립자 같은 미시 세계와 관련이 있는 것을 과학자들이 알게 되면서 리만 가설은 1970년대부터 미시 세계를 포함한 핵물리학 분야에서도 연구 대상이 되었다.

리만 가설에 얽힌 재미있는 일화도 있다.

수학자 하디는 덴마크 학술대회에 참가했다가 영국으로 귀국하기 직전 태풍이 온다는 것을 알게 되었다. 태풍이 오고 있는데 배를 탄다면 목숨을 잃을 수도 있다고 생각한 하디는 배에 타기 직전 영국에 있던 동료 수학자에게 전보를 쳤다.

문구는 다음과 같았다.

"리만 가설을 증명했다."

이 전보를 받은 수학자들은 하디가 무사히 돌아오기만을 기다렸다.

하디가 무사히 영국으로 돌아오자 수학자들은 모두 하디에게 몰려갔다.

리만 가설의 증명을 확인하기 위해서였다.

그런데 하디는 자신을 둘러싼 수학자들을 보며 별거 아니란 듯이 다음과 같이 말했다고 한다.

하디는 무신론자이기 때문에 만약 리만 가설을 증명했다고 한 후 태풍으로 인해 사망한다면 리만 가설을 증명한 수학자로 남을 것이기에 신은 자신이 그런 영광을 갖게 되길 원하지 않는 만큼 데려가지 않을 것이다. 혹시 데려간다고 해도 리만 가설을 증명해낸 수학자로 남을 것이기에 자신에게 손해는 없을 것이라고도 했다.

하디에게는 이와 같은 유쾌한 에피소드들이 많다고 한다.

오랫동안 리만 가설이 증명되지 않자 리만 가설 자체가 틀린 것일 수도 있다는 의견도 나왔다.

필즈상 수상자인 영국의 수학자 마이클 아티아[Michael Atiyah,]

[1929~2019]박사가 2018년 리만 가설 증명을 주장했지만 인정되지 않았다. 전북대 수학과 김양곤 명예교수 역시 현재 심사를 기다리는 중이며 리만 가설의 증명을 검토하는 데에만 10년이 걸릴 수도 있다고 한다.

리만 가설은 정수론의 난제이며 미해결 문제지만 증명되면 소수의 분포에 관한 미스터리를 해결할 열쇠가 될 것으로 기대받고 있다.

87

당신은 미로를 탈출할 수 있을까요?

조르당 곡선 정리

단일폐곡선을 가로지르는 직선이 곡선과 만나는 점의 개수가 홀수이면 내부와 외부가 서로 연결이 되어 있지 않으며, 짝수이면 서로 연결되어 있다.

조르당
Camille Jordan, 1838~1922

프랑스의 수학자. 콜레주드프랑스와 에콜 폴리테크니크 교수로 재직했다. 저서로는 군론에 대해 최초로 설명한《대입 및 대수 방정식에 대한 논문》과 조르당 곡선의 정리를 설명한《에콜 폴리테크니크 해석학 과정》이 있다. 1890년에는 나폴레옹이 제정한 레지옹 도뇌르 훈장을 받았다.

단일폐곡선은 한붓그리기로 그릴 수 있는 닫힌 평면도형을 말한다. 예를 들면 삼각형이나 원, 별모양의 십각형 등이 한붓그리기가 가능한 도형으로 단일폐곡선이다.

조르당 곡선정리의 정의는 '평면 위에 그려진 단일폐곡선은 내부와 외부의 두 개의 영역으로 나눈다'이다.

원 내부와 외부를 잇는 직선은 개수는 직접 그리면 홀수인 1개인 것을 알 수 있다. 그리고 내부와 외부가 곡선으로 두 영역으로 구분된다. 이것이 조르당 곡선정리의 핵심이다.

미로에 응용하면 조르당 곡선정리가 더욱 이해하기 쉽다. 앞쪽 모기향 모양의 미로를 보자.

모기향 모양의 미로에 두 마리의 쥐가 있다. 어느 쥐가 미로를 탈출할 수 있을까?

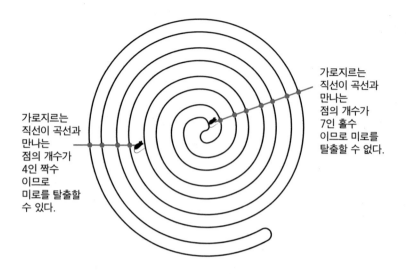

가로지르는 직선이 곡선과 만나는 점의 개수가 4인 짝수 이므로 미로를 탈출할 수 있다.

가로지르는 직선이 곡선과 만나는 점의 개수가 7인 홀수 이므로 미로를 탈출할 수 없다.

조르당 곡선 정리는 미로에서 탈출가능 여부를 해결해 준다. 위의 그림처럼 쥐의 위치에서 가로지르는 직선이 곡선과 만나는 점의 개수가 홀수이면 탈출이 불가능하고 짝수이면 탈출이 가능하다. 매우 복잡한 미로도 조르당 곡선 정리를 이용하면 내부와 외부를 구분해서 풀 수 있는 퍼즐인지 알 수 있다.

조르당 곡선정리는 전자회로에서 복잡한 소자의 위치를 찾아내는 데에도 활용되는 위상수학 분야이기도 하다.

88

하노이 탑의 원판 최소이동횟수

$$2^n - 1$$

뤼카
Édouard Lucas, 1842~1891

프랑스의 수학자. 피보나치 수열을 연구해 '뤼카 수'와 '뤼카 수열'을 발견했으며, 그의 연구 분야 중에는 정수론과 조합론도 있다. 정수론과 조합론에서 '뤼카의 정리'는 많이 이용하는 알고리즘이다. 뤼카-레머-리젤 소수 판별법으로도 명성이 있으며 하노이 탑을 고안하기도 했다. 고리와 관련된 퍼즐에도 관심이 많아 이에 대한 공식도 만들었다.

베트남의 하노이 외곽에는 64개의 순금 원판을 보관하고 있는 사원이 있는데 이 64개의 순금 원판을 모두 옮기면 세상은 멸망한다는 전설이 전해진다.

그런데 세상의 멸망을 부르는 원판 옮기기에는 규칙이 있다.

원래는 인도 신화에 등장하는 브라흐마의 탑에서 착안하여 제작한 것이라고 전해지는 하노이탑은 3개의 막대기와 여러 개의 원판으로 구성되어 있다.

그림처럼 막대기 하나에 모여 있는 원판들을 규칙에 따라 다른 막대기로 모두 이동하면 게임은 끝난다.

원판의 이동에 적용되는 규칙은 다음과 같다.

작은 원판은 큰 원판 밑에 놓을 수 없으며 원판은 한 번에

한 개씩만 이동해야 한다. 이동할 때도 반드시 큰 원판 위에 작은 원판이 놓여 있어야 한다.

또한 원판은 3개의 막대기 외에는 놓을 수 없다.

이 규칙대로 원판을 이동하게 되면 원판을 이동하는 최소 횟수는 $2^n - 1$이다.

만약 원판이 2개라면 $2^2 - 1 = 3$이 되어 3번만 이동하면 된다.

하노이의 원판은 64개이므로 64개의 원판을 모두 이동한 다면 다음과 같다.

$$2^{64} - 1 = 18,446,744,073,709,551,615$$

약 1,845경 번 원판을 이동해야 하는 것이다. 1초에 한 번 씩 원판을 이동한다고 해도 모두 이동하는 데 걸리는 시간은 5,849억 년이다.

현재 우주의 나이는 약 140억 년 정도이며 지구의 나이는 약 50억 년 정도이다. 하노이의 원판을 모두 옮길 수 있는 5,849억 년은 학자들이 지구가 멸망할 거라는 예측의 시간보 다 더 긴 시간이다.

따라서 하노이의 탑의 원판을 모두 이동시킨다고 해도 우리가 지구의 멸망을 직접 겪게 되는 일은 없을 것이다.

이와 같은 재미있는 하노이탑의 원판 최소 이동횟수는 간단한 지수를 이용한 공식이지만 다양한 퍼즐에 적용될 수 있는 수학 공식을 보여줌으로써 조합론의 발전에 많은 영향을 주었으며 지금도 응용되고 있다.

89

복잡한 분수식도 간단하게 풀어드립니다

부분분수의 공식

$$\frac{1}{AB} = \frac{1}{B-A}\left(\frac{1}{A} - \frac{1}{B}\right)$$

헤비사이드
Oliver Heaviside, 1850~1925

영국의 수리 물리학자 및 전기 공학자. 동축 케이블을 개발했으며, 라플라스 변환에 부분분수의 공식을 적용해 발전시켰다. 벡터와 미적분의 표기 도입에 공헌하는 등 수학적 업적을 인정받아 1891년 영국 왕립협회 회원이 되었고, 1905년에는 명예 박사 학위를 수여받았다.

부분분수의 공식은 기억해두면 활용도가 큰 공식 중 하나이다. 예를 들면 다음과 같다.

간단히 A에 3을, B에 4를 대입하여 $\dfrac{1}{AB}$을 $\dfrac{1}{3 \times 4}$로 나타낸다.

계산하면 바로 $\dfrac{1}{12}$이 계산된다.

우변에 있는 식이 $\dfrac{1}{B-A}\left(\dfrac{1}{A}-\dfrac{1}{B}\right)=\dfrac{1}{4-3}\left(\dfrac{1}{3}-\dfrac{1}{4}\right)=\dfrac{1}{12}$이므로 성립함도 알 수 있다. 즉 $\dfrac{1}{12}$은 $\dfrac{1}{3}-\dfrac{1}{4}$로 나타낸다.

헤비사이드의 부분분수 공식의 장점은 복잡한 유리분수식에서도 성립하는 것이다. 유리분수식에서는 '이항분리'로 불린다. 이는 분모가 두 분수식의 곱으로 되어 있는 부분분수가 항이 2개인 이항분수식으로 나뉘기 때문이다.

A를 x, B를 $x+1$으로 하면 $\dfrac{1}{x(x+1)}$은 $\dfrac{1}{x}-\dfrac{1}{x+1}$의 두개의 항으로 분리되는 것을 알 수 있다.

부분분수는 미분방정식을 푸는 라플라스 변환에 적용된다.

90

보다 선명하고 현실에 가까운 TV 화소를
위한 공식

픽의 정리

i를 다각형 내부의 격자점의 개수,

다각형 둘레의 격자점의 개수를 b로 하면

다각형의 넓이 $A = i + \dfrac{b}{2} - 1$

게오르그 픽
Georg Alexander Pick, 1859~1942

오스트리아의 유대계 수학자. 픽의 연구는 아인슈타인의 상대성이론에
영향을 주었다. 수리물리학에 업적을 남겼으며, 제2차 세계대전 때 테레
지엔슈타트 강제 수용소에서 사망했다.

모눈종이 위에 그린 다각형의 내부와 외부의 격자점의 개수로 다각형의 넓이를 구하는 공식이 있는데 픽의 정리이다. 픽의 정리는 아래 그려진 다각형의 예로 참인지 검토할 수 있다.

픽의 정리 공식은 넓이 $A = i + \dfrac{b}{2} - 1$이다.

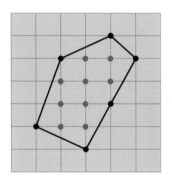

i는 오각형 안의 격자점으로 개수이며 연갈색 점의 개수를 세면 된다. 연갈색 점의 개수는 9이며, b는 오각형의 둘레 격자점의 개수이므로 6이다.

그러면 $A = i + \dfrac{b}{2} - 1 = 9 + \dfrac{6}{2} - 1 = 11$이다. 모눈종이의 한 칸의 길이는 1이다. 모눈종이 위의 오각형의 넓이가 맞는지 검산하려면 큰 정사각형의 넓이에서 작은 직각삼각형과 정사각형의 넓이를 빼서 구하면 된다. 넓이가 11이 되는 것을 확인할 수 있다.

픽의 정리는 유클리드 기하학에서 영향을 받은 공식이지만 TV 화면의 화소 연구 분야인 디지털 기하학에 적용한다. 그리고 지도의 구역의 넓이를 구하는 데에도 사용하는 중요한 공식이다.

91

확대할수록 자가복제를 통해 확장되는
차원 공식

하우스도르프 차원 공식

$$D = \frac{\log N}{\log \frac{1}{r}}$$

하우스도르프
Felix Hausdorff, 1868~1942

독일의 수학자. 위상수학의 창시자 중 한 명이며 본 대학교의 수학교수
로 재직했다. 대수학, 해석학, 집합이론에 많은 업적을 남겼으며 하우스
도르프 공간, 하우스도르프 측도, 하우스도르프 차원 등이 유명하다. 유
대인이었던 하우스도르프는 1942년 제2차 세계대전이 발발하면서 강
제수용소로 보내지기 직전, 아내, 처제와 함께 자살했다.

일부의 작은 조각이 전체의 모양과 닮은 도형을 프랙털이라 한다. 프랙털은 자기 닮음 성질을 보여주며 아무리 확대해도 자기 모습이 계속 확대된다.

폴란드의 수학자 브누아 망델브로$^{\text{Benoît Mandelbrot, 1924~2010}}$가 프랙털이라는 용어를 처음 사용했다. 프랙털은 나뭇잎, 눈송이, 은하, 뇌의 신경세포 등에서도 볼 수 있다.

프랙털로 아트 전시회를 하는 경우도 흔하다. 하우스도르프 차원 공식은 프랙털 차원 공식으로도 불리며, $D = \dfrac{\log N}{\log \dfrac{1}{r}}$에서 N은 분할된 도형의 개수를 $\dfrac{1}{r}$은 닮음비이다.

하우스도르프 차원은 복잡한 곡선과 도형에서 존재하는 차원이다. 따라서 1차원인 직선, 2차원인 평면도형, 우리가 사는 3차원 공간처럼 차원이 자연수가 아닌 소숫점 차원으로 나타난다.

예를 들어 앞쪽의 시어핀스키 삼각형의 그림에서 N은 3이고, $\frac{1}{r}=2$이므로 $D=\frac{\log 3}{\log 2}\fallingdotseq 1.58$이므로 약 1.58차원이다. 코크 눈송이는 약 1.26차원이다.

하우스도르프 차원 공식은 수치해석과 통계물리, 수리물리의 발전에 영향을 주었다.

92

무한반복해 도형을 그려도 지구만큼
커지지 않는 신기한 공식

정다각형 외접상수

$$R = \prod_{n=3}^{\infty} \sec\left(\frac{\pi}{n}\right)$$

캐스너   Edward Kasner, 1878~1955

미국의 수학자. 주로 기하학을 연구했으며 과
학 분야에도 공헌했다. 컬럼비아 대학의 과학교
수로 재직하며 미분기하학과 일반상대성이론의
특수한 계량법인 캐스너 메트릭과 캐스너 다각
형 등에 업적을 남겼다. 우리가 상상할 수 없는
거대한 수인 구골(10^{100})에 이름을 붙인 수학자
이기도 하다.

뉴먼   James Roy Newman, 1907~1966

변호사이자 미국의 관료, 수학자. 캐스너와 〈수학과 상상〉으로 유명해졌
으며, 미국의 대중 과학 잡지인 〈사이언티픽 아메리칸$^{Scientific American}$〉의
편집위원으로도 일했다.

수학자 캐스너와 뉴먼은 대중이 수학에 흥미를 갖기를 바랐다. 이를 위해 노력하던 두 수학자는 공동 저서인 《수학과 상상Mathematics and the Imagination》에 흥미로운 수학의 세계를 소개했다.

반지름이 1인 원에 외접하는 정삼각형을 그린 후 외접하는 원을 또 그린다. 거기에 외접하는 정사각형을 그린 후 외접하는 원을 또 그린다. 거기에 외접하는 정오각형을 그린 후 외접하는 원을 또 그린다. 무한 반복하면 외접원은 반지름이 점점 커지니 매우 큰 원이 되어 지구만큼의 크기가 되는 것도 시간 문제일 것처럼 보인다.

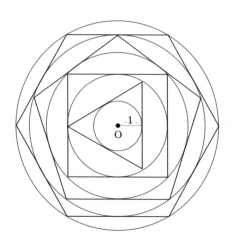

하지만 결론부터 이야기하면 무한으로 계산해도 처음 원보다 약 8.7배만 늘어날 뿐이다.

공식에 나오는 시컨트(sec)는 코사인(cos)의 역수이다. 공식과 계산한 결괏값의 의미는 다음과 같다.

"정다각형의 변의 수가 늘어날수록 외접원과 다음 외접원의 비를 무한으로 곱한 값은 수렴하여 근삿값은 8.7이다."

처음에는 캐스너와 뉴먼이 공식을 계산하여 근삿값을 12로 정했다. 그러다가 많은 수학자들의 연구 끝에 1965년 이후부터는 근삿값 8.70004를 사용하고 있다.

이 공식은 기하학 연구에 영향을 주었다.

93

사기 범죄를 막는 공식

벤포드의 법칙

$$P(n) = \log\left(\frac{n+1}{n}\right)$$

벤포드

Frank Albert Benford Jr, 1883~1948,

미국의 물리학자이자 전기공학 기술자 그리고 광학 측정 전문가. GE에서 근무하면서 광학 및 수학 분야에서 109편의 논문을 발표하고 광학 장치에 대해 20개의 특허를 받았다.

데이터를 임의적으로 조작하여 범죄를 일으키면 그것에 대해 알아차리는 수학공식이 있다. 바로 뛰는 놈 위에 나는 놈이 있다고 비유할만한 벤포드의 법칙이다.

벤포드의 법칙은 로그를 이용한 간단한 공식이며 맨 앞자릿수의 분포를 파악하여 조작인지를 판단하는 것이다.

벤포드의 법칙에 의하면 맨 앞자릿수 1부터 9까지의 분포를 보면 점점 빈도가 낮아지는 것을 알 수 있다.

다음 그래프는 벤포드의 법칙에 따라 조작하지 않은 자연

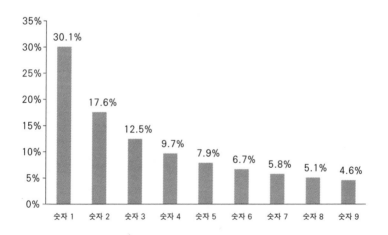

벤포드의 법칙에 대응하는 그래프

스러운 데이터의 분포를 나타낸 것이다. 그래서 앞쪽과 같은 빈도가 되어 있으면 안심해도 된다.

벤포드의 법칙은 전기요금 고지서, 주소의 번지, 강과 호수의 넓이, 특정 주식의 가격, 야구 통계, 인구, 사망률 등이 대체적으로 적합한지 알아내는 데 많이 사용한다.

흥미로운 사실은 피보나치 수열도 벤포드의 법칙에 대응한다.

하지만 언제나 벤포드의 법칙이 성립하는 것은 아니다. 예를 들어 키(cm)를 야드파운드법으로 바꾸면 5와 6이 더 많이 분포하게 되며 100점 만점의 시험점수도 벤포드의 법칙으로 분석하면 대응하지 않는다.

94

컴퓨터의 힘을 빌려 부분 증명이 된
수학문제 해결사의 역작

에르되시-스트라우스 추측

$\dfrac{4}{n}$ 형태의 분수는 n이 2이상일 때 3개의 단위분수

의 합으로 나타낼 수 있다.

$$\frac{4}{n} = \frac{1}{x} + \frac{1}{y} + \frac{1}{z}$$

에르되시   Paul Erdős, 1913~1996,

헝가리의 수학자. 1934년에 에르되시는 헝가리의
반유대주의 정책을 피해 영국 맨체스터로 망명한 뒤
1938년 미국 프린스턴 대학교에서 교수로 재직하
다가 종신교수직에 오르지 못하자 방랑하는 연구자
로 살았다. 정수론, 조합론, 그래프 이론, 집합 이론,
확률 이론, 급수론 등 여러 분야를 연구했으며 1500여 편의 논문을 발
표했다. 베이컨 수로도 불리는 에르되시 수로도 유명하며, 수학 이론의
연구자보다는 수학문제의 해결사로 알려져 있다.

스트라우스   Ernst Gabor Straus, 1922~1983

유대인 출신의 독일계 미국인 수학자. 컬럼비아 대학원에서 박사학위를
취득하고 아인슈타인의 연구 조교를 거쳐 캘리포니아 대학 교수로 평생
근무했다. 조합론, 그래프 극한 이론, 해석적 연구론을 연구했다.

이집트의 린드 파피루스에서 발견된, 분수를 단위분수의 합인 $\frac{2}{5}$를 $\frac{1}{5}+\frac{1}{5}$ 또는 $\frac{1}{3}+\frac{1}{15}$으로 나타내는 것을 시작으로 두 명의 수학자가 단위분수에 대한 공식을 확장해 발견한 추측이 있다.

에르되시와 스트라우스가 $\frac{4}{n}$ 형태의 분수를 n이 2 이상인 조건에서 3개의 단위분수의 합 $\frac{4}{n}=\frac{1}{x}+\frac{1}{y}+\frac{1}{z}$으로 나타낼 수 있다는 추측인 에르되시-스트라우스 추측이다.

예를 들어 n이 17이면 $\frac{4}{17}=\frac{1}{6}+\frac{1}{15}+\frac{1}{510}$ 이 성립한다.

스트라우스는 $n<5000$ 경우까지 증명했으며 최근에는 컴퓨터 프로그램으로 $n<10^{17}$까지 증명이 되었다.

컴퓨터의 힘을 빌려서 복잡한 분수의 경우까지 부분적으로 증명이 되었으나 아직 완전한 증명이 되지는 않았기에 공식으로 인정받은 것은 아니다. 그러나 우리가 사용하는 대부분의 분수에는 무난한 공식으로 사용해도 된다.

에르되시-스트라우스 추측은 정수론의 발전을 위한 미해결 추측이며 밑거름으로, 지난 70여 년 동안 많은 수학자들이 완전한 증명에 매달려왔다.

95

나와 같은 머리카락 수를 가진 사람은
모두 몇 명일까?

비둘기집 원리

$(n+1)$ 마리의 비둘기들이 n 개의 비둘기집에 들어가려면 반드시 한 개의 비둘기집에는 2마리가 들어가 있다.

디리클레
Peter Gustav Lejeune Dirichlet, 1805~1859

독일의 수학자. 정수론과 급수론, 수리물리학에 공헌했다. 해석적 정수론의 명저인 《미분적분학의 정수론으로의 여러 응용에 관한 연구》 (1839)이 특히 유명하다. 추상함수의 개념을 처음으로 정립했다.

수학자 디리클레는 '서랍의 원리'로 유명한 비둘기집 원리를 세상에 소개했다. 비둘기집 원리를 간단하게 설명하면 다음과 같다.

3마리의 비둘기와 2개의 비둘기집이 있을 때 1마리씩 비둘기집에 들어가면 1마리는 들어가지 못한다. 이때 들어가지 못한 비둘기는 어쩔 수 없이 이미 비둘기가 들어가 있는 비둘기집에 들어가게 된다. 그 결과 두 개의 비둘기집 중 하나에는 2마리가 있게 된다.

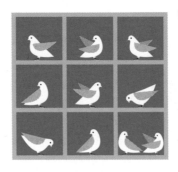

10마리의 비둘기를 9개의 비둘기집에 넣을 때도 1개의 비둘기집에는 2마리를 넣어야 한다.

이는 '$(n+1)$마리의 비둘기를 n개의 비둘기집에 넣으면 반드시 한 개의 비둘기집에는 2마리가 들어 있다'로 명제를 만들어서 공식으로 나타낼 수 있다.

비둘기집 원리를 응용하면 현실적으로 재밌는 사실을 도출할 수 있다.

사람의 머리카락 수는 8만에서 10만 개 정도라고 한다. 서울의 인구가 약 1000만 명이니 머리카락수가 같은 서울 시민은 적어도 2명 이상은 될 것이다. 비둘기의 수는 서울 인구이고, 비둘기집의 개수는 서울 시민이 가진 개인별 머리카락 수가 되는 것이다.

비둘기집의 원리는 생일의 역설과 램지이론에도 많은 영향을 주었다. 또한 확률이론에 빼놓을 수 없는 공식이기도 하다.

96

파생상품의 가치를 수학적으로 알려드립니다

블랙-숄즈 방정식

$$\frac{1}{2}\sigma^2 S^2 \frac{\partial^2 V}{\partial S^2} + rS\frac{\partial V}{\partial S} + \frac{\partial V}{\partial t} - rV = 0$$

(σ: 기초자산의 변동성, $\sigma^2 S^2$: 순간 분산율, S:기초자산의 가격,
r: 무위험 수익률, t: 만기까지 남은 기간, V: 파생상품의 가격)

피셔 블랙   Fischer Black, 1938~1995

미국의 수학자이자 경제학자. 하버드 대학에서 응용
수학으로 박사학위를 취득했으며 금융 컨설턴트로도
일했다. 골드만삭스에서 일하며 블랙 숄즈 방정식을
발견했지만 인후암으로 사망해 노벨상 원칙에 따라
노벨경제학상은 수상하지 못했다.

머론 숄즈   Myron Scholes, 1941~

미국의 수학자이자 경제학자. 스탠포드 경영대학원 명예교수이자 시카
고 대학 증권경영 연구원 원장. 방대한 양의 증권가격 데이터를 정리하
여 금융경제학 발전에 기여했다.

로버트 머튼   Robert Cox Merton, 1944~

미국의 경제학자. 재무 이론 및 위험 관리에 관한 연구를 했다. 그가 개
발한 '머튼 모델'은 신용위험모델로 유명한 이론이다. 스톡옵션과 기타
파생 상품의 가치 평가에 기여했다.

금융과 관련된 고위험 파생상품 옵션에도 수학공식이 사용
된다. 1973년에 블랙, 숄즈와 머튼 등 3명의 경제학자가 학술
지 〈정치경제학저널JPE, Journal of Political Economy〉에 발표한 금융
수학 방정식이 대표적인 예이다.

그들은 이 연구로 1997년 노벨 경제학상 수상자가 되었으
며 시장에서는 옵션거래의 신뢰성이 커졌다. 또한 옵션은 다
양한 형태의 파생상품으로 진일보하여 금융시장의 규모를 성
장시켰다.

방정식의 수식은 복잡한 확률 편미분방정식이며, 물리학의
브라운운동 방정식과 비슷하다. 즉 물리학의 열방정식을 기
초로 한 옵션가격결정 모형인 것이다.

이 연구에서는 변수의 조건이 어느 정도 충족되면 옵션 가
격의 기댓값이 잘 들
어맞는다.

그러나 주가가 정규
분포를 따르지 않는
것 등을 포함하는 조

건의 미비함이 발생하면 옵션의 기댓값은 빗나가게 된다.

블랙-숄즈 방정식은 금융수학에 나타나는 공식이다 보니 금융 수학을 공부하거나 자본 시장의 예측을 연구하는 경제학자, 금융업 종사자는 반드시 알아야 할 공식이다.

하지만 금융위기의 성질이 시간과 환경에 따라 바뀌는 만큼 대처가 유연한 금융수학 공식은 매번 새롭게 등장하고 있다.

97

미술관의 경비원은 몇 명을 배치해야 할까

흐바탈의 공식

n각형의 정점을 모두 볼 수 있으려면 $\left\lfloor \dfrac{n}{3} \right\rfloor$가 필요하다.

흐바탈
Václav Chvátal, 1946~

체코 출신의 수학자. 캐나다 콘코디아 대학의 컴퓨터 과학 및 소프트웨어 공학과 명예 교수이자 프라하 찰스 대학의 객원 교수로 재직하며 그래프 이론, 조합론 및 조합 최적화에 업적을 남겼다. 그의 연구 중에는 램지 이론도 있다.

흐바탈은 그래프 이론을 많이 연구한 수학자이다. 18세에 클로드 베르제[Claude Jacques Berge, 1926~2002]의 저서를 보고 그래프 이론에 관심을 갖게 된 뒤 이 분야에 평생을 헌신했다.

또한 해밀턴의 그래프 이론에 대한 연구도 했다.

흐바탈의 공식은 간단한 공식인 것 같지만 매우 유용한 공식이다.

어떤 경우에 쓰이는지 간단하게 예로 설명해보면 다음과 같다.

미술관에서 경비원을 고용해야 하는데 몇 명을 고용했을 때 가장 경제적이며 안전한지 확인하고 싶다면 흐바탈의 공식을 이용하면 된다.

먼저 미술관의 구조를 확인한다. 이는 다각형에서 n각형의 정점을 찾기 위해서이다.

그림을 보자. 11각형으로 구성된 미술관이다. 공식에 대입하면 $\left| \dfrac{11}{3} \right| = 3$이므로 경비원 3명이 필요하다.

3명을 어떻게 활용할지 확인해보자.

11각형을 여러 개의 삼각형으로 나눠본다. 나누는 방법은

11각형을 9개의 삼각형으로 나누어 꼭짓점의 색이 이웃하지 않게 되었는지 확인되면 연갈색 점처럼 3명의 경비원을 배치하는 것이 확인된다.

경우의 수에 따라 달라질 것이다.

삼각형으로 나눈 후 경비원을 다각형의 꼭짓점을 찾아 구석에 띄엄띄엄 배치해보자. 이 경우에도 경우의 수가 여러 개 나온다. 이제 한 개의 삼각형에 세 가지 색이 이웃하지 않는지 살펴본다. 이웃하지 않으면 경비원을 잘 배치한 것이다.

이와 같은 방법으로 최종적으로 경비원을 배치해야 할 장소를 찾을 수 있다.

흐바탈의 공식은 공공장소에 CCTV를 몇 대 설치할 것인지에 대한 설계에도 도움이 된다.

| 98 | 핸드폰, 은행 등 정보 보호를 위한 소수를
만드는 유일한 공식
밀스 상수를 이용한
소수 찾기 공식 |

$$\lfloor A^{3^n} \rfloor$$

윌리엄 밀스

William Harold. Mills, 1921~2007

미국의 수학자. 예일 대학의 교수로 재직했으며, 프린스턴에 있는 미국 국방 분석 연구소에서 근무했다. 밀스의 정리와 불완비 계획법, 교대부 호 행렬로 업적을 남겼다.

수학자들은 소수를 생성하는 공식이 있는지 분포가 어떻게 되어 있는지 오랜 세월 동안 연구했다. 그러나 아직 리만 가설도 증명되지 않았고, 과학에서 원소의 근원적 비밀을 파헤치는 것과 비슷한 소수의 비밀에 대해서는 아직도 의문 속에서 끝없는 연구로 도전하고 있다. 그중에는 소수를 생성하는 유명한 메르센 소수도 있지만 밀스 상수를 이용한 소수를 구하는 공식도 있다. 밀스 상수는 A로 나타내며 $\lfloor A^{3^n} \rfloor$이 소수가 되는 가장 작은 값으로 발견되어 근삿값은 1.3064이다. 1947년 밀스는 발견한 밀스 상수를 $\lfloor A^{3^n} \rfloor$에 적용해 소수를 찾는 방법을 발견했다.

　n에 1을 대입하면 $\lfloor A^{3^n} \rfloor$은 $\lfloor A^3 \rfloor$이며, 밀스 상수 A의 근삿값 1.3064를 대입하면 $\lfloor 1.3064^3 \rfloor = \lfloor 2.229608006144 \rfloor$이 되어 자연수에 가장 가까운 값으로 내림하면 2이다. 2는 소수이므로 가장 작은 소수를 찾은 것이다.

　그러나 n에 2를 대입하면 소수는 11이다. 2와 11사이의 소수 3, 5, 7은 밀스 상수를 이용한 소수를 생성하는 방법으로는 구할 수 없다. 이와 같은 불완전함에도 불구하고 밀스 상수를 이용한 공식은 소수를 생성할 때 유용하다.

99	4가지 색으로 세계지도를 채색하다
	# 4색정리

모든 평면 그래프는 4가지 색으로 칠할 수 있다.

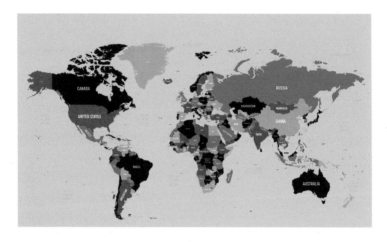

아펠 Kenneth Ira Appel, 1932~2013

미국의 수학자. 일리노이 대학교수로 그룹이론과 계산 가능성 이론을 연구했다. 국방분석연구소에서 암호학을 연구하기도 했다.

하켄 Wolfgang Haken, 1928~2022

독일계 미국인 수학자. 일리노이 대학교수로 학생들을 가르치며 위상수학에 관한 연구와 토폴로지에 관한 연구를 했다.

280쪽 세계지도를 살펴 보자. 그리고 세계지도 속 서로 국경을 맞대고 있는 나라끼리는 서로 다른 색으로 칠한다고 상상해보자. 그러면 전 세계를 몇 가지 색으로 칠할 수 있을까?

정답은 4가지 색이다.

지금은 증명되었지만 4색만으로 가능하다가 참임을 증명하기까지는 매우 오랜 시간이 걸렸다.

지금으로부터 약 170여 년 전인 1852년 남아공의 수학자이자 식물학자인 프랜시스 거스리$^{\text{Francis Guthrie, 1831~1899}}$는 영국 지도를 보다가 지역을 색깔별로 구분하는데 4가지 색만으로도 가능하다는 것을 알게 되었다. 그는 이것이 세계지도에도 가능한지 궁금했다. 하지만 증명하지 못했다. 수학자 드모르간도 증명에 도전했지만 실패했다.

그리고 이 문제는 위상수학에서 가장 유명한 미해결 문제가 되었다.

오랫동안 많은 수학자들이 이 증명에 도전했고 120여 년이 지난 1976년 수학자 아펠과 하켄이 컴퓨터 프로그래밍으로 수천 가지의 사례를 검증하여 4색 정리 증명에 성공했다.

하지만 이 증명에 대해서는 수학자들 사이에서 의견이 분분했다. 순수하게 수학자들이 증명한 것이 아니라 컴퓨터를 이용한 성과였기 때문이다.

이와 같은 논란에도 불구하고 4색정리가 증명되면서 이젠 어떠한 구역으로 나눈 지도라도 4가지 색으로 구분하여 색칠할 수 있게 되었다.

2022년 필즈상을 수상한 허준이 교수가 난제였던 리드 추측을 증명한 것도 4색 정리의 해법을 이용한 것이었다.

여고생이 종이접기로 달까지 가는 방법

갤리번 방정식

$$L = \frac{\pi t}{6}(2^n + 4)(2^n - 1)$$

(t: 종이 두께, n: 종이 접는 횟수,
L: 여러 번 접었을 때 필요한 최소한의 종이 길이)

브리트니 갤리번 Britney Gallivan, 1985~,
버클리 대학교에서 환경과학과를 졸업했다. 고등학생 때 갤리번 방정식
을 만들어 유명해졌다.

천재 수학자들 또는 수학을 전공한 수학자들의 전유물 같기만 한 수학공식을 평범한 고등학생이 개발했다면 여러분은 어떤 생각이 드는가?

종이 접기를 몇 번이나 할 수 있을지에 대한 호기심을 행동으로 옮긴 학생이 있다.

고등학생 브리트니 갤리번은 종이접기에 대한 궁금증을 직접 접어보는 것으로 해결하기로 한 것이다.

그녀는 다양한 방법으로 종이를 접어본 후 다음과 같은 결론을 내놓았다.

A4 종이는 한 방향으로 8번 접기가 불가능한데 이유는 8번 접기에 종이의 길이가 짧고 접을 때마다 생기는 두께가 더 이상 접을 수 없을 정도로 두꺼워졌기 때문이다. 노력 끝에 2001년 12월 그녀는 1,219m 길이에 약 0.08mm 두께의 얇은 종이타월을 12번 접어서 34cm의 높이를 만들었다.

그리고 그 결과를 그녀는 자신의 이름을 딴 '갤리번 방정식'으로 발표했다. 그 안에는 지구에서 달까지 가기 위한 종이접기에 대한 증명이 들어 있었다.

갤리번 방정식에 따르면 지구에서 달까지의 거리 38만 4천 km를 가기 위해서는, 약 140경km 길이의 종이가 필요하며 이 종이를 42번 접으면 도달할 수 있다고 했다. 또한 103번 접으면 930억 광년 거리의 먼 우주에 도달할 수도 있다고 한다.

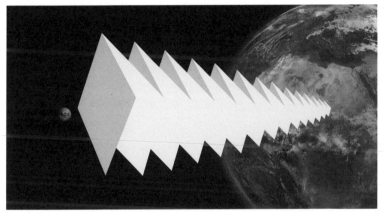

종이를 몇 번 접으면 지구에서 달까지의 거리만큼 도달할 수 있을까?

갤리번은 또한 번갈아 접을 때 필요한 종이의 길이 공식도 만들었다.

그로부터 10여 년이 지난 2012년 메사추세스 대학교의 학생들은 두께가 0.45mm인 종이타월 15.8km를 13번 접어서

화제가 되었다.

갤리번 방정식은 그래핀 신소재 개발에 아이디어로 적용되었다.

참고 도서

365수학 박부성, 정경훈, 이한진, 이종규, 이철희 지음 | 사이언스북스

Newton 2020년 12월호   (주)아이뉴턴

Newton 2020년 4월호   (주)아이뉴턴

Newton 2021년 12월호   (주)아이뉴턴

Newton 2021년 3월호   (주)아이뉴턴

Newton 2022년 7월호   (주)아이뉴턴

교실 밖으로 꺼낸 수학이 보이는 세계사 차길영 지음 | 지식의 숲

누구나 수학 위르겐 브뢱 지음 | 정인회 옮김 | 지브레인

되살아나는 천재 아르키메데스 사이토 켄 지음 | 조윤동 옮김 | 일출봉

만화 고등수학공식 7일만에 끝내기 김승태 지음 | 이동현 그림 | 주)살림출판사

법칙,원리,공식을 쉽게 정리한 수학 사전 와쿠이 요시유키 지음 | 김정환 옮김 | 그린북

손안의 수학 마크 프레리 지음 | 남호영 옮김 | 지브레인

수학사 하워드 이브스 지음 | 이우영, 신항균 옮김 | 경문사

수학의 파노라마 클리퍼드 픽오버 지음 | 김지선 옮김 | 사이언스 북스

숫자로 끝내는 수학 100 콜린 스튜어트 지음 | 오혜정 옮김 | 지브레인

알수록 재미있는 수학자들: 근대에서 현대까지 김주은 지음 | 지브레인

오일러가 사랑한 수 e 엘리 마오 지음 | 허민 옮김 | 경문사

위대한 수학문제들 이언 스튜어트 지음 | 안재권 옮김 | 반니

일상에 숨겨진 수학 이야기 콜린 베버리지 지음 | 장정문 옮김 | 소우주

중학 수학공식 7일만에 끝내기 셰즈 가즈히로 지음 | 박현석 옮김 | (주)살림출판사

피보나치의 토끼 애덤 하트데이비스 지음 | 임송이 옮김 | 시그마북스

피타고라스의 정리 엘리 마오 지음 | 전남식,이동흔 옮김 | 영림카디널

한권으로 끝내는 수학 패트리샤 반스 스바니, 토머스 E. 스바니 지음 | 오혜정 옮김 | 지브레인

참고 사이트

https://mathlair.allfunandgames.ca

https://mathshistory.st-andrews.ac.uk

동아사이언스 http://dongascience.donga.com

두산백과 두피디아 www.doopedia.co.kr

이미지 저작권

수학 공식 찾아보기